DIE INSEL
DER WILDEN
TRÄUME

SUSANNE BRAUN
MIT ALEXANDER SCHWARZ

DIE INSEL DER WILDEN TRÄUME

Mein Leben auf Island

Eden
BOOKS

Inhalt

Hinweise

In Island duzt jeder jeden. Man redet sich nur mit dem Vornamen an. Dies wurde im Buch so beibehalten. Die Schreibung isländischer Namen wurde ebenfalls beibehalten. Die Aussprache der Buchstaben ist wie folgt:

Á, á:	au
Ð, ð:	wie ein stimmhaftes th im Englischen
Hj, hj:	ch (wie in »ich«)
Hv, hv:	kv
ll:	dl, wobei das l stimmlos ist; manchmal auch einfach ll gesprochen
U, u:	ü
Ú, ú:	u
Þ, þ:	wie ein stimmloses th im Englischen
Æ, æ:	ai

Stürmische Ankunft

Die Wellen scheinen mit jedem Mal noch wütender gegen das Schiff zu brechen. Der Himmel schimmert in immer tieferen Schattierungen unheilvollen Dunkelgraus, scharfer Wind peitscht mir die Gischt ins Gesicht.

Es ist bitterkalt. Das Wetter auf dem Nordatlantik ist im Februar kein Zuckerschlecken.

Ich bin die Einzige, die noch an der Reling steht, alle anderen haben sich schon längst ins warme Innere der Fähre zurückgezogen. Mit beiden Händen halte ich mich an der Brüstung fest. Meine langen Haare wehen im Wind, meine Augen habe ich gen Westen gerichtet, auf mein Ziel hin, das morgen in Sicht kommen wird: Island!

Die raue See kann mir nichts anhaben, ich stehe da, atme die frische Meeresluft ein, merke, wie sich meine Lungen vollsaugen, und freue mich auf das Abenteuer: Ich will ein neues Leben in Island beginnen und stelle mir vor, wie ich dort als Tierärztin arbeiten, lange Reittouren durch isländische Landschaften unternehmen, das Leben im hohen Norden genießen werde.

Ein Mitglied der Mannschaft kommt auf mich zu und unterbricht meinen Tagtraum: »Bitte gehen Sie jetzt in Ihre Kabine. Der Sturm wird noch stärker werden!«

Die ersten Tage auf unserer mehrtägigen Überfahrt mit kurzem Aufenthalt auf den Färöer-Inseln waren noch recht ruhig verlaufen. Seit heute Mittag aber frischt der Wind immer mehr auf, und unsere Autofähre schaukelt auf den Ozeanwellen eher wie eine Nussschale, als dass sie zielstrebig über das Wasser gleitet.

Als ich die Karten für die Überfahrt buchte, hatte ich Glück, denn dies sollte die vorerst letzte Autofähre vor dem Sommer sein.

Die Kabine teile ich mit einer jungen deutschen Touristin. Der Raum ist schlicht gehalten, die Holzbetten sind schmal. Immerhin haben wir aber eine Kabine mit Fenster bekommen. Um diese Jahreszeit befinden sich außer ein paar Lastwagenfahrern kaum Passagiere an Bord.

Während ich mich aufs Bett lege, rennt meine Nachbarin zum ersten Mal auf die Toilette. Ich höre, wie sie sich übergibt, die Toilettenspülung betätigt und dann wieder zurückkommt. Seekrankheit! Zum Glück geht es mir noch gut.

Ich frage, ob ich helfen könne, und wir kommen zaghaft miteinander ins Gespräch. Tina möchte zwei Wochen in Island bleiben und eine Rundreise machen.

»Ich wandere nach Island aus ...«, erzähle ich meiner überraschten Zuhörerin.

»Und du lässt einfach alles und jeden zurück?«, fragt sie ganz erstaunt.

Eine Welle peitscht mit aller Wucht gegen unser Fenster. Tina rennt wieder auf die Toilette, und so habe ich etwas Zeit, um über ihre Frage nachzudenken.

Island! Von der Idee bis zur Tat war es tatsächlich ein großer Schritt. Ich musste so manche schmerzhafte Entscheidung treffen.

Nachdem sie wieder auf ihrem Bett sitzt, erzähle ich ihr, dass ich mich vor der Überfahrt von meinem isländischen Freund in Deutschland getrennt und unseren gemeinsamen kleinen Pferdehof mit der bescheidenen Islandpferdezucht, meine eigenen Pferde und meinen Hund schweren Herzens zurückgelassen habe.

»Mein Leben, wie es bisher war, ist Geschichte. Aber es war schon als Kind mein Traum, nach Island zu ziehen und dort mit Pferden zu arbeiten. Und dieser Wunsch ist dann einfach mit jedem Lebensjahr immer stärker geworden, trotz aller Bindungen, Chancen, Familie und Freunden in Deutschland.«

Das Schiff ächzt immer schwerer, die Maschinen laufen auf Hochtouren, um den Wellen Paroli zu bieten. Der Kapitän gibt über Lautsprecher durch, dass wir bald mit Windstärke zwölf zu rechnen hätten und deshalb die Kabinen nicht mehr verlassen dürften.

»Für ein halbes Jahr probiere ich es nun aus«, erzähle ich weiter, »denn für diese Zeit habe ich eine Stelle gefunden.«

Ich berichte ihr, wie ich vor einigen Monaten bei einem Reitturnier für Islandpferde meinen alten Studienfreund Björgvin wiedergetroffen hatte, der dann kurzerhand vorgefühlt habe, ob ich ihm nicht bei einer Operation helfen könne. Danach fragte ich ihn einfach, ob ich nicht eine Zeit lang in seiner Klinik mitarbeiten dürfe. Und er, der gestandene Tierarzt, spezialisiert auf Islandpferde, mit so viel mehr Praxiserfahrung als ich, bot mir, der angehenden Tierärztin, tatsächlich an, sein reiches Fachwissen mit mir zu teilen.

Ich traute meinen Ohren nicht. Hatte sich da gerade eine Tür geöffnet? Bot sich mir nun endlich die Chance, nach Island zu ziehen und dort zu arbeiten? Denn eigentlich hatte ich ja bereits 1992 direkt nach meinem Abitur für ein Jahr nach Island gewollt, um auf einem Pferdehof zu arbeiten. Dann war allerdings mein Studienplatz dazwischengekommen, den ich mir hart erarbeitet hatte und auf gar keinen Fall aufs Spiel setzen wollte.

Mein Herz machte nicht einen, sondern gleich mehrere Sprünge. Ich konnte es kaum fassen, strahlte über beide Backen und sagte spontan zu.

»Okay, dann kommst du im Februar! Ich kümmere mich um deine Arbeitserlaubnis und finde eine Wohnung für dich«, freute sich auch Björgvin und lächelte mich einladend an ...

»Und das ging so einfach, ohne irgendwelche Nachweise, Zeugnisse oder andere Bescheinigungen?«, reißt mich Tina auf ihre direkte Art aus meinen Gedanken.

»Ja, spontan sind sie, die Isländer, und in diesen Dingen wirklich unkompliziert«, antworte ich. »Eigenschaften, die ich sehr mag und in Deutschland oft vermisse.«

Wieder spielt ihr Magen Achterbahn. Der Sturm hat in der Zwischenzeit seinen Höhepunkt erreicht.

Es ist mittlerweile schon recht spät geworden, und obwohl wir von den mächtigen Wellen, die an unser Fenster klatschen, in unseren schmalen Betten hin- und hergeworfen werden, versuchen wir, etwas Schlaf zu finden.

Doch ich liege noch lange wach und male mir aus, wie es ist, auf dieser magischen Insel aus Feuer und Eis im Nordatlantik ein neues Leben zu beginnen. Welchen Herausforderungen würde ich mich stellen müssen, wie würde sich mein Leben entwickeln? Würde ich als ausländische Tierärztin akzeptiert? Fände ich eine neue Liebe? Käme ich mit Björgvin als meinem Chef in der Klinik klar?

Die Freude in mir überstrahlt alles. Sie zaubert ein Lächeln auf mein Gesicht. Ach, wie auch immer, ich bin fest entschlossen, mein Leben in Island selbst in die Hand zu nehmen, mich den Herausforderungen zu stellen und die Zeit zu genießen. Mit diesem Lächeln im Gesicht schlafe ich ein.

Am nächsten Morgen ist der Sturm bloß noch ein Stürmchen. Nur leider werden wir nicht wie geplant morgens in Seyðisfjörður anlegen, sondern erst gegen Mittag.

»Schaffst du das dann heute noch bis Selfoss, wo du hinmusst«, meint meine Nachbarin, die in der Zwischenzeit wieder merklich mehr Farbe im Gesicht hat, »das ist doch noch eine ziemliche Strecke, oder?«

»Ich fahre einfach gleich los, sobald wir das Schiff verlassen haben, dann wird das schon«, mache ich mir selbst Mut. Ich hüpfe innerlich vor Vorfreude und habe nur eines im Kopf: Heute Abend schon werde ich bei einer Flasche Rotwein mit meiner Freundin Nicki in deren warmem Wohnzimmer sitzen und über alte Zeiten klönen – und all das Neue, das kommt.

Nicki wohnt im Süden der Insel. Von Seyðisfjörður, der Anlegestelle der Fähre im Osten, sind das um die 670 Kilometer. Die meiste Zeit werde ich im Dunkeln fahren müssen. Im Februar sind die Nächte in Island noch lang. Ab 15 Uhr wird es schon dunkel sein.

Island begrüßt uns dann nach den stürmischen Tagen auf See mit wunderschönem Wetter und ermöglicht so einen wundervollen Ausblick auf den schneebedeckten Berg links und rechts des Fjords, der so heißt wie der Ort, an dem er endet. Wir stehen an der Reling und bewundern mit weit aufgerissenen Augen die nackte Schönheit der Berge, auf denen bei klirrender Kälte der Neuschnee im Sonnenlicht glitzert. Sonne und Wolken zaubern ständig neue Farben auf die Bergrücken.

Ich staune und muss mich kurz selbst kneifen. In diesem wunderschönen Land darf ich jetzt leben! Ich kann es kaum erwarten, bis wir anlegen und ich endlich wieder isländischen Boden unter den Füßen spüre. Zum ersten Mal nicht als Besucherin, wie 1990 auf meiner ersten Islandreise zum Pferdetreffen im Skagafjörður oder bei meinen Tierarztpraktika in Akureyri, sondern wahrhaftig als zukünftige Einwohnerin dieser so besonderen Insel.

Dann dürfen wir auch schon zu unseren Autos, und ich verabschiede mich mit einer kurzen Umarmung von meiner Kabinennachbarin.

Ich hoffe nur, dass die Zöllner nicht allzu streng sind und alles durchsuchen wollen. Denn ich habe meinen alten Audi quattro bis zum Dach vollgepackt. Meine Kleider und Mamas Daunendecke habe ich vor der Abreise in dicke Plastiksäcke gestopft und anschließend mit einem Staubsauger die Luft abgesaugt, sodass ich die Säcke praktisch vakuumverschlossen ins Auto stapeln konnte.

So habe ich wertvollen Platz gespart und konnte auch noch Papas alten Schwarz-Weiß-Fernseher und meinen Computer, auf dem ich auch meine Doktorarbeit zum Abschluss gebracht hatte, verstauen. Wenn ich jetzt aber auch nur einen dieser Säcke aufmachen muss, weiß ich nicht, wie ich die Sachen wieder alle im Auto unterbringen soll.

Ein Besatzungsmitglied berichtet am Zoll, dass im Sturm gestern ein Frachtschiff mit vier Seeleuten an Bord mit Mann und Maus untergegangen sei. Da wird es mir doch kurz noch mulmig. Vielleicht sind die Zöllner auch deshalb etwas weniger streng als sonst. Zum Glück, denn das erspart mir eine allzu akribische Kontrolle.

Nach ein paar kurzen Fragen zu meinem geplanten Aufenthalt und dem Anbringen einer Plakette an meinem Auto mit der Genehmigung, für ein halbes Jahr in Island fahren zu dürfen, gibt der Zöllner den Weg für mich frei.

Endlich! Ich atme die eiskalte Seeluft am Hafen ein, und mich erfüllt eine unermesslich große Vorfreude. Das Gefühl, endlich angekommen zu sein, und dass mein Traum Wirklichkeit wird. Ich starte meinen treuen Audi und fahre die ersten Meter im eigenen Auto in Island.

Von Seyðisfjörður geht es gleich in Serpentinen steil den Berg hinauf und dann wieder hinunter nach Egilsstaðir. Schon nach wenigen Höhenmetern und ein paar Kurven in den Berg hinein verschlechtert sich das Wetter. Auf der Straße liegen Schnee und Eis. Zum Glück habe ich Allradantrieb. Sogar Schneeketten habe ich mitgebracht, muss sie aber glücklicherweise nicht verwenden. Ich wüsste auch nicht einmal, wie die anzulegen sind. In der Lüneburger Heide habe ich sie jedenfalls noch nie gebraucht.

Ich fahre langsam und vorsichtig. Den anderen anscheinend zu langsam: Die Isländer überholen mich in kleineren Autos ohne Vierradantrieb. Deshalb wage ich bald auch, etwas schneller zu fahren, aber mehr als neunzig Kilometer pro Stunde ist selbst auf der großen Ringstraße Nr. 1, auf der ich Richtung Süden an der Küste entlang unterwegs bin, nicht erlaubt.

Ich fahre an Supermärkten und großen Tankstellen vorbei. Hunger verspüre ich keinen, mein Tank ist fast voll. Ich möchte ohne unnötige Pause so viele Kilometer wie möglich zurücklegen. Es ist schon später Nachmittag, und ich werde wohl erst mitten in der Nacht bei Nicki ankommen.

Wie schwierig es sein kann, in Island ein Auto über die vereisten Straßen zu steuern, bekomme ich schon auf dieser ersten Fahrt zu spüren. Es beginnt zu schneien, dichter und dichter tanzen die Flocken wild im Scheinwerferlicht vor mir. Von der Straße sehe ich immer weniger. Meine Scheibenwischer bewegen sich auf der schnellsten Stufe. Ich merke, wie ich das Lenkrad immer fester umgreife.

Da muss ich jetzt durch, denke ich, und hoffe, dass das Wetter sich gleich wieder beruhigt. Diesen Gefallen tut es mir jedoch leider nicht. Also fahre ich weiter und immer langsamer durch das Schneegestöber und verliere das Zeitgefühl. Irgendwann fällt mir ein, dass ich so langsam doch mal tanken sollte. Ich schaue auf die Anzeige, die sich tatsächlich schon recht weit Richtung Reserve neigt.

Bei der nächsten Tankstelle will ich anhalten. Ein Sandwich mit Krabbensalat und eine Tasse starken schwarzen Kaffees wären auch nicht verkehrt. Bloß: Es kommt keine Tankstelle. Nicht nach zehn, nicht nach fünfzig Kilometern. Keine einzige, dabei befinde ich mich doch immer noch auf der Hauptverkehrsader des Landes.

Plötzlich fällt mir auf, dass ich in der letzten Stunde praktisch kein anderes Auto mehr gesehen habe. Oh nein, denke ich mir, das ist ein schlechtes Zeichen. Wahrscheinlich gab es eine Wetterwarnung, und nur ich, die keine Ahnung davon hatte, bin hier draußen noch unterwegs.

Endlich kann ich eine kleine Tankstelle ausmachen. Ich fahre an die Zapfsäule, halte an – und stelle fest, dass im Verkaufsraum kein Licht brennt. Es ist schon zu spät, die Tankstelle ist geschlossen, und einen Automaten gibt es nicht.

Notgedrungen fahre ich weiter. Was soll ich nur machen, wenn ich ohne Benzin hier mitten im Nichts im Schneesturm liegen bleibe? Dann würde ja nicht mal mehr die Heizung funktionieren. Und das wäre bei diesen Temperaturen und diesem Wind eine Katastrophe!

Ich halte kurz und sehe auf der Karte, dass ich noch fast fünfzig Kilometer bis Vík í Mýrdal habe. Dies scheint der nächste größere Ort zu sein. Und irgendwie schaffe ich es auch tatsächlich bis dorthin. Zwar finde ich dann gleich eine Tankstelle, aber auch diese ist geschlossen. Es ist in der Zwischenzeit weit nach 22 Uhr, und die Straßen sind natürlich auch hier menschenleer.

Unterschlupf beim Papageitaucher

Während ich durch den Ort irre, sehe ich, dass in einem etwas größeren Gebäude noch Licht brennt. Die Tür ist offen, ich gehe hinein und treffe auf einige Leute, die sich überrascht nach mir umdrehen. Mit meinem eingerosteten Isländisch versuche ich zu erklären, dass ich gern tanken würde.

»Die Tankstelle macht erst morgen früh wieder auf …«, erklärt mir ein Mann, Mitte fünfzig, mit lichtem Haar und großen Fischerhänden. »Was bist du denn so spät noch unterwegs bei dem Wetter? Du willst doch nicht etwa noch weiterfahren?«, fragt er verwundert.

»Eigentlich möchte ich ja schon noch die 130 Kilometer bis Selfoss fahren heute Abend«, erwidere ich kleinlaut.

»Also, hör mal zu, mein Kind«, schaltet sich da eine etwas jüngere Frau ein, »das Wetteramt hat heute Morgen schon eine Wetterwarnung herausgegeben, es wäre also nicht ratsam, dass du jetzt noch weiterfährst. Du kannst dich glücklich schätzen, dass du es überhaupt bis hierher geschafft hast!«

So langsam dämmert es mir, dass ich heute wohl nicht mehr von hier wegkomme.

»Du hast Glück, dass du uns hier noch antriffst. Wir sind gerade fertig mit der Gemeinderatssitzung«, meldet sich nach einer Pause der Mann wieder zu Wort und wird dann auch gleich praktisch: »Eine Unterkunft hast du ja wahrscheinlich nicht, oder?«

Ich verneine und bin niedergeschlagen, weil ich wohl heute Nacht hier festsitze.

»Jón«, ruft da mein Retter in der Not einen anderen Mann im Raum und winkt ihm, dass er sich zu uns gesellen solle. »Jón gehört hier das Hotel«, erklärt er mir, »es ist im Winter zwar geschlossen, aber vielleicht macht er dir ja ein Zimmer zurecht.«

»Ja, ja«, sagt Jón nur, als sein Gemeinderatskollege ihm die Situation erklärt. »Kein Problem, komm einfach mit mir, dann schließe ich das Hotel auf und bringe dir Bettwäsche. Frühstück gibt es zwar nicht, aber du kannst ja morgen früh etwas im Supermarkt oder in der Tankstelle kaufen.«

»Danke, das ist großartig«, sage ich zerknirscht und bin heilfroh, dass mir die Leute vor Ort so schnell und unkompliziert aus der Bredouille helfen: Gastfreundschaft und Herzlichkeit auf Isländisch.

Wenig später begleite ich Jón zu seinem Hotel. Das zweigeschossige Holzhaus liegt direkt am Strand. Wir gehen an der gemütlich eingerichteten Rezeption vorbei in den oberen Stock. Überall hängen Fotos und Zeichnungen von Papageitauchern.

Jón bemerkt, dass ich stehen bleibe, um sie ausgiebig zu betrachten.

»Das Hotel heißt Lundi, weil hier jedes Jahr im Frühsommer auf dem Felsen gleich hinter dem Haus eine große Papageitaucher-Kolonie brütet. ›Lundi‹ ist das isländische Wort für Papageitaucher ...«, erklärt er mir und scheint sich über mein Interesse ehrlich zu freuen.

Dann schließt Jón ein einfaches, aber schönes Zimmer mit Meerblick für mich auf.

»Morgen früh komme ich vorbei und schließe das Hotel wieder ab, wenn du weggehst. Einen Schlüssel brauchst du nicht, du bist ja der einzige Gast«, lächelt er.

»Ich habe noch eine Bitte, dürfte ich kurz meine Freundin in Selfoss anrufen, dass ich heute nicht mehr komme?«

»Ja, natürlich«, brummt Jón geduldig, »das Telefon steht unten.«

Nach kurzem Klingeln höre ich schon Nickis vertraute Stimme: »Ich habe sowieso nicht mehr mit dir gerechnet«, meint sie überrascht. »Dass du überhaupt so weit gekommen bist, hätte ich nicht gedacht. Du hast echt Kampfgeist. Den kannst du hier aber auch gebrauchen ...«

Wir verabreden uns für morgen und freuen uns beide auf unser baldiges Wiedersehen.

Ich gehe hoch in mein Zimmer und lege mich gleich ins Bett. Ich merke, wie mich der Schlaf regelrecht übermannt. Endlich habe ich es geschafft, denke ich noch. Ich bin in Island! Dann schlafe ich auch schon ein.

Am nächsten Morgen ist Jón bereits unten, als ich aus dem Zimmer komme.

»Guten Morgen«, begrüßt er mich freundlich. »Du hast Glück, heute soll ein schöner Tag werden. Und die Tankstelle hat auch schon auf«, meint er augenzwinkernd. »Meine Frau kommt gleich und bringt dir eine Kleinigkeit zu essen.«

Nach ein paar Minuten kommt Guðrún mit frisch gebrühtem Kaffee und einem leckeren Fladenbrot, belegt mit geräuchertem Lammfleisch.

»Gleich breche ich zu meinem Morgenspaziergang am Strand auf. Wenn du möchtest, kannst du ja mitkommen«, lädt mich Guðrún ein.

Warum nicht, denke ich. Nicki arbeitet bis 17 Uhr, und nach der langen Fahrt gestern die Beine etwas zu vertreten, ist ja auch kein Fehler.

Am Anblick des Meeres kann ich mich dann kaum sattsehen. Denn während der langen Fahrt gestern war es schon so dunkel, dass ich leider nur sehr wenig von der Küstenlandschaft mitbekommen habe.

Der Strand, der an dieser Stelle recht breit ist, beginnt direkt auf der gegenüberliegenden Straßenseite des Hotels. Die frische Luft und das Gehen tun mir gut. Ich merke, wie ich wieder zu Kräften komme.

»Der Strand ist ja ganz schwarz«, wundere ich mich.

»Ja«, sagt Guðrún, »das ist alles Lavagestein.«

Die Flut drückt langsam auf das Ufer. »Es kann hier ziemlich stürmisch werden«, erklärt meine Begleiterin. »Deshalb haben wir hier auch keinen Hafen. Der Unterstrom ist einfach zu stark. Auch die haben es übrigens nicht mehr geschafft«, sagt sie und weist mit ihrem Finger auf eine Felsformation rechts von uns, ein paar Meter von der Küste entfernt.

»Wie meinst du das?«, frage ich.

»Na, erkennst du nicht die Form? Das war mal ein Schiff. Ein Troll-Schiff, um genau zu sein. Trolle wohnen in Höhlen und trauen sich nur nachts raus. Sobald sie ein Sonnenstrahl trifft, verwandeln sie sich in Stein.«

»Dann kam dieses Schiff wohl ein paar Minuten zu spät an?«, frage ich.

»Genau«, antwortet Guðrún geheimnisvoll. »Wir sind hier in Vík zwar nur ungefähr dreihundert Einwohner. Aber wir zählen auch nur die Menschen und nicht, was es sonst noch so gibt ...«

Sie geht weiter und lässt mich etwas verdutzt zurück.

»Apropos Steine«, sie winkt mich zu sich, »hier lagen gestern noch richtig große Brocken. Die hat der Sturm wohl mit ins Meer hinausgenommen.«

Mir wird klar, dass Isländer viel mehr im Einklang mit der Natur leben, als ich das von Deutschland her gewohnt bin – und darum auch viel mehr wahrnehmen als wir.

So langsam möchte ich dann aber meine Fahrt fortsetzen, denn dem Wetter kann ich sicher auch heute nicht trauen. Schließlich herrscht hier tiefster Winter. Beim wieder vollgetankten Audi angekommen, verabschiede ich mich herzlich von Guðrún.

»Keine Ursache«, sagt sie bescheiden, »wenn Reisende in Not sind, muss man helfen, so einfach ist das. Das haben unsere Vorfahren schon immer so gehandhabt, und das soll auch so bleiben.«

So viel spontane Hilfsbereitschaft gleich an meinem ersten Tag in Island tut richtig gut. Ich werte das als gutes Omen für all das, was noch kommt.

Jetzt freue ich mich aber erst mal auf Nicki.

Nicki kenne ich noch aus Deutschland, wo wir uns als Teenager auf einem Islandpferdeturnier kennenlernten. Sie ist fast gleich alt wie ich, arbeitet bei einem Optiker und lebt glücklich und zufrieden mit ihren Katzen in einer Zweizimmerwohnung in einem modernen Mehrfamilienhaus in dem kleinen Ort Selfoss, der für den Süden Islands wirtschaftlich eine wichtige Rolle spielt.

Ich habe sie schon längere Zeit nicht mehr gesehen, es fühlt sich aber vom ersten Moment so an, als ob wir erst gestern noch zusammengesessen hätten. Mit einer Flasche Rotwein auf dem Tisch machen wir es uns nach dem Essen gemütlich, klönen erst über alte Zeiten und dann über die Monate, die jetzt kommen.

»Und was willst du hier konkret machen?«, fragt mich Nicki und blickt mich dabei mit großen Augen an.

»Ich habe eine Stelle angeboten bekommen, für ein halbes Jahr als Assistenztierärztin in einer Tierklinik«, antworte ich voller Inbrunst, »da arbeiten außer mir nur der Chef und ein anderer Tierarzt. Außerdem sind die dort auf Islandpferde spezialisiert, und das ist ja genau, was ich machen möchte!«

»Du und deine Pferde ...«, lacht Nicki. »Na, dann hast du ja endlich bekommen, was du wolltest.«

»Erst mal abwarten, wie es wird. Und es ist ja auch nur bis Oktober.«

»Und wo liegt die Klinik?«

»In Kópavogur, also im direkten Einzugsgebiet von Reykjavík«, erkläre ich ihr.

»Dann kannst du ja über Langeweile nicht klagen. Dort bist du mittendrin im kulturellen und sportlichen Geschehen der Insel«, meint Nicki augenzwinkernd. Und etwas ernster fügt sie hinzu: »Sag mal, hast du denn schon eine Arbeitserlaubnis und eine Wohnung?«

»Um die wollte sich Björgvin, mein Chef, kümmern. Er meinte, das sei alles geklärt, bis ich komme.«

Nicki runzelt die Stirn, schließt kurz ihre Augen und schaut mich dann etwas skeptisch an. »Susi, dir ist aber schon klar, dass du es hier mit Isländern zu tun hast und nicht mit Deutschen?!«

Jetzt bin ich es, die die Stirn in Falten legt und sie fragend anschaut.

»Wenn ein Isländer sagt, er erledige dies und das, dann heißt das noch lange nicht, dass er es auch in die Tat umsetzt. Vor allem, wenn er meint, noch viel Zeit zu haben. Planung und Isländer, das passt einfach nicht zusammen«, macht mir Nicki bewusst.

War ich vielleicht etwas zu leichtgläubig, stehe ich morgen womöglich vor einem Scherbenhaufen und muss gleich wieder zurück, weil ich in Island weder arbeiten darf, noch eine Bleibe haben werde? Plötzlich schießen mir unzählige Fragen durch den Kopf.

»Aber er will doch auch, dass ich gleich loslegen kann?«, versuche ich, meine aufkommenden Zweifel gar nicht erst groß werden zu lassen.

»Das kann schon sein, aber die sind hier halt einfach nicht so organisiert wie in Deutschland.«

Jetzt habe ich es schon so weit geschafft – dann werde ich diese Hürde auch noch nehmen, denke ich trotzig.

»Mit der Arbeitserlaubnis kann ich dir leider nicht helfen«, sagt Nicki, der meine Sorgenfalten nicht entgehen, »aber wenn dieser

Björgvin tatsächlich noch keine Wohnung für dich gefunden hat, dann kannst du vorläufig natürlich bei mir schlafen.«

»Das ist wirklich nett von dir«, bedanke ich mich bei Nicki.

»Also fahr dort morgen einfach mal hin, und dann siehst du ja, was Sache ist«, empfiehlt sie mir in versöhnlichem Ton, da sie mir die Verunsicherung wohl ansieht.

Dann nehmen wir beide noch einen Schluck Rotwein.

Bisher überwog bei mir klar die Vorfreude, so langsam sehe ich aber, dass es vielleicht noch weitere Hindernisse zu überwinden gilt, über die ich bisher nicht wirklich nachgedacht habe.

»Apropos: Hast du denn schon eine *kennitala*?«, holt mich Nicki aus meinen Gedanken.

»Eine was?«

»Na, eine Personenkennziffer. Ohne die läuft hier in Island gar nichts. Ohne diese Nummer kannst du nicht mal einen Film ausleihen, geschweige denn ein Bankkonto eröffnen«, klärt sie mich auf. »Die hat man hier als Neugeborenes schon, bevor man einen Namen bekommt ...«

Als ich etwas später ins Bett gehe, mache ich mir nun doch Sorgen. Allerlei Szenarien spuken durch meinen Kopf. Aber es hilft ja alles nichts. Morgen werde ich weitersehen.

Wer wagt, gewinnt

»Ah, da bist du ja endlich, Susi! Bist du gut durchgekommen?«

Björgvin freut sich aufrichtig, mich zu sehen, und begrüßt mich herzlich. Er mustert mich von oben bis unten, und seine Augen blitzen auf.

»Komm, ich zeig dir gleich mal, wie unsere kleine Klinik jetzt aussieht, und stelle dich dabei auch Egill, meinem Kollegen, vor.«

Björgvin ist ein schlanker, drahtiger Kerl. Seine Augen verraten seinen Hang zu Humor und einer fröhlichen Grundhaltung, aber auch die Fähigkeit, sich ganz auf etwas zu fokussieren.

Ich kenne und schätze Björgvin schon seit meiner Zeit an der Uni in Hannover, als wir dort zusammen studiert haben und gemeinsam um die Häuser gezogen sind. Nach dem Studium ist er dann wieder nach Island zurückgekehrt, um dort als Tierarzt zu arbeiten. Ich blieb in Deutschland und war in verschiedenen Praxen und Kliniken angestellt.

Im Sommer 2004, mitten in meiner Ausbildung zur Chiropraktikerin, reiste ich mit Freunden zu den nationalen Meisterschaften für Islandpferde, dem Landsmót. Eigentlich ist es ein Festival, bei dem sich alle Pferdeliebhaber in Island und viele Gäste aus dem Ausland treffen und die Zeit miteinander genießen. Zwischen den Gangprüfungen, den rasanten Passrennen und den Zuchtschauen ist das Ganze ein einziges großes Happening. Die Veranstaltung findet alle zwei Jahre statt und ist der absolute Höhepunkt für Islandpferde-Narren wie mich.

An das Festival angeschlossen ist auch eine Tagung für Pferdetierärzte, für die ich mich damals angemeldet hatte. Dort traf ich, die Welt ist klein, auch meinen alten Kommilitonen Björgvin wieder.

Eigentlich kein Wunder, aber wir freuten uns doch sehr. Das musste natürlich gefeiert werden. Wir redeten die halbe Nacht und tranken das eine oder andere Glas zusammen, erinnerten uns an gute alte Zeiten und daran, wie es uns in der Zwischenzeit so ergangen war.

»Ich habe mich als Tierarzt selbstständig gemacht, einen Pferdestall gekauft und den gerade erst zu einer Tierklinik umgebaut«, erzählte Björgvin voller Enthusiasmus. »Komm doch mal auf Besuch und schau es dir an! Das wäre was für dich.«

Das klang schon irgendwie interessant. Ich merkte, dass sich ein Kribbeln in meinem Bauch breitmachte.

Björgvin traf, vielleicht eher unbewusst, einen wunden Punkt bei mir: Ich war das Leben und Arbeiten als Tierärztin, so wie ich es in Deutschland kennengelernt hatte, schon nach ein paar Jahren ziemlich leid. Als junge Angestellte verdient man nicht viel, der Stresslevel ist hoch, permanent kann man zu einem Notfall gerufen werden und muss dann sofort los, manchmal auch mitten im Urlaub, wenn die Klinik unterbesetzt ist – und ein cholerischer Chef hilft in dieser Situation dann auch nicht weiter, ebenso wenig wie Kunden, die oft sehr ungehalten sind und gern herumnörgeln. Den meisten kann man's nicht recht machen, weil man entweder nicht schnell genug an Ort und Stelle ist oder eben doch keine Wunder vollbringen kann.

Anscheinend machte ich meine Arbeit aber gar nicht schlecht, denn kurz vor den Sommerferien bot mir mein Chef an, Teilhaberin der Pferdeklinik zu werden. Das schmeichelte mir natürlich, und es wäre der nächste Schritt auf der Karriereleiter gewesen. Doch da hielt mich irgendetwas zurück, auf der Stelle Ja zu sagen ... und schließlich musste ich im Januar ja auch noch meine letzten Examen zur Chiropraktikerin und die Fachtierarztprüfung für Pferde absolvieren.

Ich vertagte also meine Entscheidung vorerst und nahm mir vor, mir alles gut zu überlegen. Mein Chef stimmte zu, und wir verständigten uns darauf, dass wir erst nach Abschluss aller Examen Nägel mit Köpfen machen würden.

Björgvin hatte zwar bei unserem Treffen nur gemeint, ich solle ihn einmal besuchen kommen. Aber irgendwie schien es mir, als öffnete sich da vielleicht eine Tür für mich, die es mir ermöglichen könnte, über den eigenen Tellerrand hinauszuschauen und die vorgegebene Karriere vielleicht doch nicht so geradlinig verlaufen zu lassen, wie sie es bisher tat ...

»Und, was meinst du, Susi?«, fragte Björgvin mich stolz, als ich ihn in seiner neuen Praxis besuchte.

»Na ja ... wirklich schön – aber eben doch recht klein, meinst du nicht?«, antwortete ich ein wenig zögerlich.

»Du bist halt den Luxus in Deutschland gewohnt. Wir brauchen hier nicht so viel Platz, und so viele Gerätschaften haben wir ja auch gar nicht zur Verfügung«, weist Björgvin auf die tatsächlichen Möglichkeiten in Island hin.

»Und der Operationstisch für Pferde, wo ist der?«, fragte ich.

»Ah, der kommt demnächst!«, verkündete er begeistert.

Irgendwie sah alles doch viel provisorischer und einfacher aus als das, was ich bisher gewohnt war. Und trotzdem, es hatte auch was, man konnte sich fast als Pionier fühlen, und Björgvin hatte die Praxis, das spürte ich, mit viel Herzblut eingerichtet. Wie optimistisch er durch seine neu geschaffene Klinik spazierte, wie begeistert er davon sprach, machte deutlich, wie sehr er seinen Job liebte. Das mochte ich.

Plötzlich sagte er: »Was meinst du, ich habe hier einen etwas verzwickten Fall mit einem Pferd, das einen Bauchbruch erlitten hat. Das muss noch einmal operiert werden. Die Kollegen, die den

Eingriff vornahmen, meinen, es bilden sich Fisteln und das Ganze sei doch etwas komplizierter als ursprünglich gedacht ... Was hältst du davon, sollen wir das nicht zusammen machen? Für einen allein ist die Operation zu groß. Wir könnten sie in einem Monat durchführen, wenn der Tisch geliefert und alles fertig ist. Ich bezahle dich auch dafür.«

»Wie jetzt«, fragte ich ungläubig, »du bezahlst mir das auch, wenn ich in einem Monat extra für die Operation nach Island fliege und sie mit dir zusammen durchführe?«

Unfassbar, dachte ich, in Deutschland klagten die Leute andauernd, dass alle Behandlungen so teuer seien, und hier würde ich extra für eine Operation eingeflogen und auch noch dafür bezahlt!

»Ja, klar«, meinte Björgvin cool und erklärte mir kurz, worauf es bei der OP ankäme und wie wir sie am besten durchführen könnten.

»Also gut«, sagte ich nach kurzem Überlegen. »Ich komme, und wir ziehen das gemeinsam durch!«

Ein Handschlag besiegelte unsere Absprache.

Einen Monat später saß ich im Flugzeug, um mit Björgvin den Bauchbruch bei dem isabellfarbenen Bjartur durchzuführen.

Als ich tags darauf in der Klinik ankam, traf mich fast der Schlag.

»Björgvin, wo ist denn der versprochene OP-Tisch?«, fragte ich verdattert.

»Ja, also«, begann er etwas ausweichend und schaute auf den Boden, »der ist noch nicht ganz fertig.«

»Noch nicht ganz fertig?« Ich konnte es nicht fassen.

»Na ja, ich hatte mit meinem Schwager, der in einer Stahlbaufirma arbeitet, alles besprochen und ihm die Zeichnungen vorgelegt. Die Firma hat auch sofort angefangen, den Tisch nach meinen Vorgaben zu bauen. Nur fehlte jetzt zum Schluss noch ein Teil für die Hydraulik, und das ist im Moment in ganz Island nicht zu kriegen. Und jetzt sind auch noch Sommerferien ...«, erklärte Björgvin.

»Jetzt bin ich extra hierhergeflogen, das Pferd kommt gleich und wir haben keinen OP-Tisch?! Wie soll denn das gehen, auf dem Fußboden etwa?«, fragte ich ihn ratlos.

»Genau das dachte ich mir eigentlich«, erwiderte Björgvin trocken.

»Wie jetzt, auf dem Fußboden?« Ich sah ihn mit großen Augen ungläubig an.

»Ja, das geht schon«, meinte er nur.

»Aber Björgvin«, wandte ich ein, »wir sollen eine Bauchhöhlen-Operation durchführen, da muss extrem steril gearbeitet werden.«

»Ach, das wird schon ...«

Entweder war Björgvin supercool – oder er hatte keine Ahnung, was uns da bevorstand.

»Und wer kümmert sich um die Narkose?«, fragte ich weiter. »Bisher sind wir ja nur zu zweit, oder täusche ich mich?«

»Das macht Raggi, der Besitzer.«

»Der Besitzer?« Ich konnte es nicht fassen. »Das darf doch nicht wahr sein. Wir machen eine Bauchhöhlen-OP, und der Besitzer, der von Tuten und Blasen keine Ahnung hat, soll die Narkose übernehmen?« Mir wurde schwindelig. In was bin ich da nur hineingeraten, dachte ich. Das konnte niemals gut gehen.

»Wir haben hier sowieso nur eine Injektionsnarkose, und der Besitzer macht das dann mit dem Tropf«, meinte Björgvin schulterzuckend, was mich aber nur wenig beruhigte.

»Ja, ja, das wird schon. Wir sind halt nicht so ausgerüstet wie ihr in Deutschland, hier müssen wir häufig einfach improvisieren«, resümierte er. »Ah, da kommt Raggi ja schon mit seinem Pferd.«

Okay, Susi, machte ich mir Mut, du bist schließlich für diese Operation hierhergekommen, jetzt ziehst du sie auch durch. Gib dein Bestes, wenn es klappt, prima, wenn nicht, lag es jedenfalls nicht an dir, und du bist übermorgen sowieso wieder weg, also was soll's.

»Auf geht's«, sagte ich, »lass uns loslegen. Wenn ich es richtig verstanden habe, sollen wir einen Abszess aus der Bauchdecke entfernen, der schon recht groß ist.«

»Richtig«, antwortete Björgvin, und Raggi nickte zustimmend.

»Dann lasst uns aber absprechen, dass wir die Operation abbrechen und das Pferd nicht mehr aufwachen lassen, wenn der Abszess schon bis zur Bauchhöhle vorgedrungen ist. Denn sollte das der Fall sein, dann haben wir eigentlich keine Chance mehr, dass wir die Wunde wieder verschließen können, und eine tödliche Bauchhöhleninfektion ist vorprogrammiert.« Erst recht, weil wir eigentlich völlig unverantwortlich auf Knien auf dem Fußboden operieren werden, denke ich im Stillen.

»Da sind wir uns doch einig, oder?«, wandte ich mich mit entschlossener Stimme an die beiden.

»Ja, das ist in Ordnung«, bestätigten beide wie aus einem Munde.

»Dann lasst uns mal anfangen.«

Raggi hielt tapfer den Tropf mit dem Narkosemittel hoch, Björgvin und ich knieten beide auf dem Boden, beugten uns über den narkotisierten Bjartur und begannen mit der schwierigen Operation.

»Man, das ist ja wirklich ein Ding«, wunderte sich Björgvin, als wir auf den Abszess stießen, »der ist ja riesig, bestimmt kindskopfgroß!«

»Na, dann machen wir uns mal dran, den Klumpen vorsichtig rauszuschneiden«, empfahl ich, und wir führten die Skalpelle vorsichtig Millimeter für Millimeter an der Bauchwand vorbei.

»Au, verdammt«, rief Björgvin plötzlich, »mein Rücken, ich kann mich nicht mehr bewegen.«

»Wie jetzt, was soll das denn heißen?«, fragte ich, ohne den Blick von dem sensiblen OP-Feld abzuwenden.

»Ich glaube, ich habe einen Hexenschuss, ich kann mich wirklich überhaupt nicht mehr rühren«, klagte Björgvin, noch immer halb über das Pferd gebeugt und mit dem Skalpell in der Hand.

Ich schluckte hörbar.

»Soll das heißen, ich muss jetzt ganz allein weitermachen?« Mir schoss noch mehr Adrenalin ins Blut. Ich versuchte, Ruhe zu bewahren und mir gegenüber Björgvin und dem Besitzer des Pferdes meine Unsicherheit nicht anmerken zu lassen.

»Tut mir leid, aber ja, das heißt es wohl.«

Björgvin schaffte es noch irgendwie, sich hinter das Pferd zu setzen, und lehnte sich gegen die Wand. »So kann ich dir wenigstens noch Tupfer und Instrumente anreichen«, krächzte er mit schmerzverzerrtem Gesicht.

Der Pferdebesitzer stand immer noch da, hielt stoisch den Narkosetropf hoch, schluckte und sagte lieber nichts.

Ich schnitt vorsichtig weiter. Irgendwann stellte ich fest, dass der Abszess sogar noch größer war, als wir zunächst angenommen hatten, und sich tatsächlich bis in die Bauchhöhle erstreckte.

»Jungs, es tut mir leid, aber da haben wir keine Chance mehr. Wir brauchen nicht mehr zuzunähen. Lasst uns die Narkosedosis erhöhen und das Tier erlösen«, sagte ich bedauernd.

»Nein!«, riefen die beiden unisono. »Mach einfach weiter!«

»Ja, sagt mal, wir haben doch vorhin gemeinsam entschieden, dass wir es für sinnlos erachten, in so einem Fall noch weiterzuoperieren«, erinnerte ich sie an unsere Abmachung.

»Lass es uns auf jeden Fall versuchen, komm, bitte. Wir schaffen das«, baten mich die beiden.

»Oh Mann, also gut, aber nur, weil ihr darauf besteht.« Zwei gegen einen, was sollte ich dagegen sagen. Ich gab dem Patienten zwar überhaupt keine Überlebenschance, versuchte aber mein Bestes.

Mit aller Kraft schaffte ich es dann tatsächlich ganz allein, Bjarturs kräftige Bauchmuskeln wieder zusammenzunähen. »Uff, Leute, so, das war's.« Ich wischte mir mit dem Handrücken den Schweiß von der Stirn, stand mit zitternden Knien endlich auf und streckte mich erst mal.

Die beiden bedankten sich überschwänglich bei mir. Ich glaubte zwar noch immer, dass es unnötig gewesen war, die Operation zu Ende zu führen, aber gut. Jetzt war es vollbracht, und ich fühlte mich auch ein bisschen stolz, dass ich das wirklich allein geschafft hatte. Und natürlich hoffte ich trotz der Zweifel nichts mehr, als dass Bjartur zügig wieder auf die Beine käme.

Wir unterstützten das Pferd beim Aufstehen, sodass die frischen Narben nicht gleich wieder aufrissen. Damit war die erste Hürde schon einmal genommen. Wir atmeten alle erleichtert auf.

Trotzdem flog ich kurz darauf mit einem unguten Gefühl nach Deutschland zurück. Der Abszess war einfach zu groß gewesen, dachte ich bei mir, und glaubte immer noch nicht daran, dass das Pferd eine große Überlebenschance hatte.

In den nächsten Wochen hatten Björgvin und ich dann öfter Kontakt, und ich erkundigte mich jedes Mal nach Bjartur.

»Nein, nein, alles gut. Bjartur frisst und hat keine Infektion bekommen. Die Wunde verheilt prima, nichts ist aufgegangen«, versicherte mir Björgvin am Telefon. »Bei Raggi hast du jetzt wirklich einen dicken Stein im Brett.«

Nach dieser guten Nachricht überwog bei mir doch so langsam die Freude über den Erfolg. Und ich spürte immer deutlicher, dass es das in Island doch wäre – genau die Herausforderung, die ich suchte. Das machte so viel mehr Spaß als meine Arbeit hier in Deutschland.

Mir kam der Gedanke, wie es wohl wäre, wenn ich mich von Björgvin für ein halbes Jahr in seiner Klinik anstellen ließe, um einmal genauer auszutesten, ob ich in Island leben und arbeiten könnte. In Deutschland jedenfalls bekam ich sowieso nur einen Hungerlohn, trotz all der Wochenenddienste und Überstunden.

Ich unterbreitete Björgvin dann bei einem unserer Telefonate den Vorschlag, nachdem ich all meinen Mut zusammengenommen hatte.

»Warum eigentlich nicht«, entgegnete er, ohne zu zögern. »Es hat richtig Spaß gemacht mit dir, auch wenn du fast die ganze Operation allein durchführen musstest. Aber immerhin konntest du zeigen, was du so draufhast.«

Ich konnte es kaum fassen, er sagte mir zu!

»Im Januar mache ich meine letzten Examen. Sollen wir sagen, dass ich im Februar komme und bis August bleibe?«, hakte ich nach.

»Abgemacht!«, meinte Björgvin.

petta reddast –
Wird schon gut gehen!

Jetzt ist es also Februar, und ich bin tatsächlich da! So richtig vom Hocker reißen mich die Ausstattung und Apparate noch immer nicht, als ich mit Björgvin die Klinikräume inspiziere. Von meinen Arbeitsplätzen in Deutschland bin ich wesentlich modernere und vor allem spezialisiertere Gerätschaften gewohnt.

»Ich weiß, ich weiß«, gibt Björgvin unumwunden zu, als er meinen zögernden Blick auffängt. »Bei uns ist immer noch alles etwas bescheidener als in Deutschland. Immerhin bekomme ich aber so einiges an Geräten und Instrumenten aus dem Landspítali, dem Landeskrankenhaus für Humanmedizin, was dort ausrangiert wurde. Das ist für uns Tierärzte oft die einzige Möglichkeit, überhaupt an medizinische Ausrüstung zu gelangen. Und zum Glück kenne ich da jemanden«, zwinkert er mir zu. »Wir haben aber bisher auch so alles hingekriegt. Und der Operationstisch für Pferde ist jetzt auch fertig. Hier, schau mal.«

Voller Stolz zeigt er mir den neu gebauten Tisch. Hätten wir den nur schon vor ein paar Monaten gehabt.

»Egill hat in Österreich studiert, wir können also anfangs auf Deutsch miteinander reden, dann musst du dich nicht so mit der Sprache herumquälen«, beruhigt mit Björgvin auch gleich in diesem Punkt.

Bei meinen früheren Praktika in Akureyri habe ich von meinem Ex-Schwiegervater in spe und den Bauern ein bisschen Isländisch gelernt, sodass ich einfache Gespräche führen kann. Aber für die

Kommunikation mit besorgten Tierbesitzern fehlt mir wirklich das Fachvokabular. So bin ich froh, mich wenigstens mit meinen Kollegen auf Deutsch austauschen zu können.

»Komm, wir trinken erst mal eine Tasse Kaffee. Egill kommt erst später, dann lernst du ihn auch kennen«, sagt Björgvin. Eine Tasse Kaffee gehört in Island einfach dazu. An den Kundenverkehr derer, die nur zum Kaffeetrinken in unsere Klinik kommen, muss ich mich erst mal gewöhnen.

Im Übrigen liegen mir noch immer die brennenden Fragen zu meiner Arbeitserlaubnis und einer Wohnung auf der Zunge. Mit Nickis Prophezeiungen im Ohr fürchte ich mich regelrecht vor den Antworten und traue mich fast nicht, die Themen anzusprechen.

»Sag mal, Björgvin, du hast ja versprochen, dass du dich um meine Arbeitserlaubnis kümmerst. Ist die schon da?«, frage ich schließlich und halte die Luft an.

Sein lang gezogenes »Ja, ja« lässt mich ahnen, dass wir hier ein Problem haben.

Björgvin streicht mit der linken Hand an seinem Kinn hin und her. »Vielleicht sollte ich gleich mal ein paar Telefongespräche führen«, meint er dann.

Mir wird schwummrig. Das darf doch nicht wahr sein!

»Aber du hast doch gesagt, dass du das regelst, und jetzt bin ich da und darf nicht arbeiten?«, frage ich bestürzt.

»Ach«, lächelt Björgvin, »das wird schon.«

Immerhin nimmt er gleich sein Handy in die Hand, und nach ein paar Gesprächen wissen wir wenigstens, was zu tun ist. Ich muss mir tatsächlich eine *kennitala* besorgen, zum Einwohnermeldeamt und einigen anderen Behörden gehen. Und ich muss ein mündliches, amtsärztliches Examen ablegen, damit ich als Tierärztin in

Island arbeiten darf – auf Isländisch. Wenigstens habe ich dafür ein paar Wochen Zeit.

Es gibt also noch einiges zu tun, bis ich endlich anfangen darf zu arbeiten. Irgendwie hatte ich mir das doch einfacher vorgestellt und mich blind auf Björgvins Organisationstalent im Vorfeld verlassen. Aber nicht geklagt. Und so mache ich mich gleich auf, um alle notwendigen Behördengänge zu erledigen.

Bleibt noch die andere Frage: »Du hast dich aber schon um eine Wohnung für mich gekümmert?«, rücke ich zögerlich damit heraus.

»Ähm, nein, da muss ich mal ein paar Freunde kontaktieren, ob jemand gerade was frei hat oder jemanden kennt, der was weiß«, höre ich Björgvin sagen.

Oh nein, denke ich nur, zum Glück hat mir Nicki angeboten, vorläufig bei ihr wohnen zu können.

Und als ob Björgvin es geahnt hätte, fragt er mich auch gleich, ob ich im Notfall irgendwo unterkommen könne.

Das bedeutet, dass ich erst mal jeden Tag die knapp fünfzig Kilometer zwischen der Klinik in Kópavogur und Nickis Wohnung in Selfoss hin- und herfahren werde.

Tatsächlich erweist sich die Wohnungssuche als nicht ganz so einfach wie gedacht. Bis ich alle meine offiziellen Papiere beisammen habe, besuche ich Pferdezüchter, die ich von meiner Tierarztzeit aus Deutschland noch kenne oder die ich bei meinen vorigen Besuchen in Island kennengelernt habe. Die meisten freuen sich auch, mich wiederzusehen, aber leider hat gerade niemand eine Wohnung frei.

Bis mich eines Tages Palli anruft, ein alter Freund aus Deutschland, mit dem ich 1991 auf einem Islandpferdehof in der Lüneburger

Heide zusammengearbeitet hatte. Er meint, dass er einen kenne, der von jemandem gehört habe, dessen Eltern wohl eine kleine Wohnung in Kópavogur zu vermieten hätten.

»Ruf da mal an, wer weiß, vielleicht ist das ja was«, meint Palli und gibt mir die Nummer der Vermieter.

Ohne zu zögern, wähle ich die Festnetznummer und hoffe inständig, dass auch jemand zu Hause ist. Nicki hat nach einigen Wochen durchschimmern lassen, dass es ihr so langsam wohl ganz recht wäre, wenn ich eine eigene Bleibe finden würde. Ich verstehe sie vollkommen, so eine Zweizimmerwohnung mit Luftmatratze im Wohnzimmer ist einfach nichts auf die Dauer. Auch mir wäre es lieber, ich hätte meine eigenen vier Wände und könnte tun und lassen, was ich will, ohne auf jemanden Rücksicht nehmen zu müssen, wenn ich nach Hause komme.

»Wenn du möchtest, kannst du nachher gleich mal vorbeikommen. Die Wohnung liegt in Kópavogur«, bietet mir Eiríkur, der Sohn der Vermieter, an, den ich am Telefon habe.

Praktisch, denke ich, dann habe ich es nicht weit bis in die Praxis. »Das wäre klasse!«, antworte ich ihm. »So um fünf heute Abend?«

»Ja, das geht«, bestätigt er, »du musst aber wissen, dass es sich um eine Souterrainwohnung handelt.«

Souterrainwohnungen sind eine Besonderheit im Einzugsgebiet Reykjavíks. Eigentlich als Waschküchen und Abstellräume gedacht, wurden diese sich halb unter der Erde befindlichen Kellergeschosse angesichts der steigenden Wohnungsknappheit vor allem seit dem Zweiten Weltkrieg mehr und mehr vermietet.

»Kein Problem«, sage ich, »das passt schon.«

»Und da wäre noch was«, klingt es langsam durch den Telefonhörer, »meine Eltern sind vielleicht, nun ja, etwas eigenartig.«

Auch das macht mir nichts aus. Eigenartige Leute passen irgendwie zu mir. Auf jeden Fall bin ich bisher recht gut mit den Leuten klargekommen, die andere für eigenartig hielten.

Die Wohnung ist groß: ein kleiner Flur mit Garderobe, eine Küche mit orange-braunen Einbauschränken bei dunkelgrün gemustertem PVC-Fußboden, ein großes Wohn-Esszimmer mit Blick auf Nachbars Garage, ein großes Schlafzimmer mit Einbauschränken und winzig kleinen Fenstern, unter denen sofort die Grasnarbe des Gartens hervorsprießt und die man leider nur eine Handbreit öffnen kann. Außerdem gibt es noch ein kleines Gäste- und Badezimmer. Und dann ist da noch eine Tür – und dahinter ist der Abstellraum. Ich ahne es schon, und tatsächlich ist er bereits angefüllt mit sehr speziellen Sachen der Familie ...

»Wir möchten dich bitten, die Tür, die auf der anderen Seite deiner Wohnung zur Treppe ins Haus oben führt, nicht abzuschließen, sonst kommen wir ja nicht in unseren Abstellraum«, meint Una, die Mutter Eiríkurs, und ab sofort meine Vermieterin.

Das wird schon irgendwie gehen, bin ich überzeugt und vor allem froh darüber, endlich eine eigene Wohnung beziehen zu können. Außerdem ist die Miete wirklich günstig, und ich kann auch sofort einziehen. »Früher hat unser Sohn in dieser Wohnung gewohnt, aber er wollte doch wieder lieber oben bei uns einziehen«, erklärt Una noch den Grund, warum die Wohnung frei geworden ist.

Una und ihr Mann Leifur freuen sich, dass ich bei ihnen einziehe, und ich freue mich, dass ich mit dem älteren Ehepaar nette Vermieter gefunden habe. Eigenartig war bisher nur ihr Wunsch, die Verbindungstür zwischen unseren Wohnungen nicht abzuschließen.

Am Abend fahre ich dann zum letzten Mal nach Selfoss zu Nicki. Ab morgen kann ich in meiner neuen Wohnung schlafen.

Jetzt muss ich nur noch irgendwie an billige Möbel kommen. Björgvin hilft mir dabei. Von seinen Eltern kann ich einen Schrank und ein Bett ausleihen, von Freunden bekomme ich einen Tisch und Stühle. So kann ich mich erst mal wohnlich einrichten. Endlich habe ich eine eigene Adresse in Island.

Nicki kommt mich als eine der Ersten in Kópavogur besuchen. Doch kaum haben wir uns begrüßt, höre ich schon ein Klopfen an der Tür zur Waschküche. Der Tür, die ich nicht abschließen soll, sodass auch meine Vermieter den Abstellraum, der zu meiner Wohnung gehört, jederzeit betreten können. Und da steht auch bereits Eiríkur in der Tür. Auf ein »Herein« scheint er nicht warten zu wollen.

»Du, Susi, ich soll dich fragen, ob du morgen die Blumen bei uns oben gießen könntest. Wir gehen übers Wochenende in unser Sommerhaus«, meint er.

»Ja klar, gern«, antworte ich.

Neugierig schaut er sich um, bleibt einfach im Raum stehen und mustert Nicki. Mir bleibt wohl nichts anderes übrig, als die beiden einander vorzustellen, sonst wird der neugierige Eiríkur wohl kaum wieder nach oben zu bewegen sein.

»Nicki, das ist Eiríkur, der Sohn meiner Vermieter, Eiríkur, das ist Nicki, meine Freundin. Sie ist auch Deutsche und wohnt in Selfoss.«

»Angenehm.« Die beiden schütteln sich die Hände.

Bevor Eiríkur ein Gespräch beginnen kann, sage ich ihm, dass Nicki und ich einiges zu bereden haben und jetzt gern allein seien. Zum Glück versteht er das und macht sich wieder auf nach oben in die Wohnung.

»Was war denn das jetzt?«, fragt Nicki perplex.

»Nun, ich habe eben eine Wohnung mit Familienanschluss!«, lache ich und erkläre ihr den Haken der Souterrainwohnung mit der offenen Tür und der Waschküche.

»Und wenn du mal einen Liebhaber in deine Wohnung einlädst?«, denkt Nicki voraus.

»Tja, das kann dann unter Umständen ganz schön heikel werden«, erwidere ich, und wir lachen beide laut auf, als wir uns die Situation ausmalen.

Die Knochenknackerin

»Es kann losgehen!«, stürme ich einige Wochen später voller Taten-drang in die Klinik. »Alle Papiere sind da, die mündliche Prüfung ist bestanden, ich darf ab sofort in Island als Tierärztin arbeiten ...«

»Schön«, meint Björgvin, »dann sind wir jetzt zu dritt. Egill und ich müssen gleich zu Außenterminen auf Visite. Dann kannst du hier ja auf die Praxis aufpassen.«

Irgendwie habe ich mir eine freudigere Reaktion vorgestellt – und eigentlich würde ich vor allem gern selbst mit rausfahren, aber sei's drum.

Schon einige Tage später fragt mich Björgvin: »Willst du heute mal mit mir mitfahren, Susi?«

»Ja, natürlich«, freue ich mich. Darauf habe ich ja gewartet, seit ich in Island angekommen bin. Am liebsten möchte ich schließlich mit Pferden arbeiten, und das heißt nun mal, hinaus zu den Ställen zu fahren.

Erwartungsvoll steige ich ins Auto und bin sogar ein bisschen aufgeregt vor lauter Freude. Ab jetzt darf ich tatsächlich als Pferde-ärztin in Island arbeiten. Ich kann es kaum fassen und muss mich kurz in den Arm kneifen, um es glauben zu können.

Björgvin startet den Motor seines alten Land Rovers, und schon sind wir unterwegs.

»Schau erst mal zu, dann lernst du ein bisschen die Umstände kennen, unter denen wir hier arbeiten müssen, und kannst dich damit vertraut machen, in Ordnung?«

»Okay«, antworte ich, auch wenn ich am liebsten gleich selbst Hand anlegen würde. Aber er hat wahrscheinlich recht mit seinem Ratschlag.

»Meinst du, es interessiert sich auch jemand für chiropraktische Behandlungen bei Pferden?«, frage ich vorsichtig nach.

»Du weißt doch, Isländer sind neugierig«, meint Björgvin und lächelt, »und auf der anderen Seite sind ihre Pferde ja auch ihr Kapital, mit dem sie vorsichtig umgehen. Wenn mit dem Pferd was passiert, sind sie eine Menge Geld und Prestige los. Wir erzählen von deinen Talenten einfach auf ein paar Höfen, und dann wird sich hoffentlich bald eine Gelegenheit ergeben.«

Ich kann es kaum erwarten, muss aber meine Ungeduld wohl oder übel zügeln. Ich bin auf jeden Fall schon mal sehr froh, dass sich Björgvin gegenüber meinem Vorschlag so offen zeigt. In diesem großen Land mit seinen wenigen Einwohnern ist die Mund-zu-Mund-Reklame immer noch die allerbeste und schnellste Methode.

Auch ich trage meinen Teil dazu bei und rufe die Pferdezüchter an, die ich noch aus meiner Zeit in Deutschland und auch von den Europa- und Weltmeisterschaften kenne, und informiere sie, dass ich jetzt hier sei und als Pferdetierärztin arbeite.

Ein paar Tage später fahren wir wieder zu einem Pferdebetrieb. Björgvin untersucht ein Tier mit Zahnproblemen, und ich assistiere ihm. Wir plaudern währenddessen ein bisschen mit dem Pferdezüchter Atli, bis der auf einmal meint, dass die Stute da hinten irgendwie nicht mehr gut zu Fuß sei und anscheinend Schwierigkeiten habe, sich schmerzfrei zu bewegen.

Björgvin schaut mich kurz an, zwinkert mit den Augen und sagt dann, als wäre es die normalste Sache der Welt: »Susi, geh doch mal hin und schau, was das Pferd hat.«

Jetzt kommt es darauf an, nun ist er also gekommen, der Moment, an dem ich zum ersten Mal in Island als Chiropraktikerin loslegen kann.

Ich gehe zu dem Pferd, etwas argwöhnisch betrachtet von Atli, schaue es mir von allen Seiten an, mache das Tier mit mir vertraut und taste mit meinen Händen zunächst vorsichtig die Wirbelsäule ab. Dann frage ich Atli, ob es eine Kiste oder einen Schemel gebe, auf den ich mich stellen könne.

»Einen was?«, fragt mich der Züchter verständnislos. »Wozu brauchst du das denn?«

»Ja, ja«, sagt Björgvin, der sich zu uns gesellt hat, »Susi ist nicht nur Tierärztin, sondern auch Chiropraktikerin.«

»Chiro... wie?« Unser Kunde steht vor Verwunderung mit offenem Mund vor uns.

»Na, Susi arbeitet mit den Knochen, bringt sie wieder in die richtige Stellung. Das hilft deinem Pferd, und dann kann es sich wieder besser bewegen«, erklärt Björgvin im Brustton der Überzeugung.

Auf einmal fängt Atli an zu lachen. »Was, diese schmächtige Person will an meinem 400-Kilogramm-Pferd herumdrücken und Knochen richten? Und dann ist sie auch noch so klein, dass sie sich dafür auf einen Schemel stellen muss!«

Das mit der schmächtigen Person überhöre ich einfach. Ich bin zwar schlank, aber nicht gerade klein ...

»Ich brauche einen Schemel, weil ich auch den Rücken des Pferdes von oben untersuchen und dort vielleicht die Beweglichkeit der Gelenke erfühlen muss«, erläutere ich ihm ganz ruhig mein Vorgehen.

Er scheint noch nicht so ganz davon überzeugt zu sein, knurrt dann aber doch halb lachend, halb ungläubig den Kopf schüttelnd ein lang gezogenes »Ja, ja« und »Hier sollte noch irgendwo ein alter Schemel stehen«.

Er bringt ihn, schaut mich noch immer etwas skeptisch an; aber immerhin, er lässt mich an sein Pferd.

Ich steige auf den Schemel. Jetzt nur keinen Fehler machen. Ich taste das Pferd weiter ab, und die beiden Männer stehen daneben und schauen zu. Björgvin strahlt Vertrauen und Sicherheit aus, Atli noch immer Skepsis.

Ich ertaste die Beweglichkeit der gesamten Wirbelsäule und der Muskulatur des Pferdes und löse mit exakten und schnellen Handgriffen die für die Stute sehr schmerzhaften Blockaden. Es knackt! Das Pferd bleibt ruhig und entspannt merklich unter meinen Händen, das bemerkt auch sein Besitzer.

Nach einigen Minuten bin ich fertig. Ich steige vom Schemel, streichle das Pferd, das erschöpft, aber sichtlich zufrieden gähnt.

»Schauen wir mal, ob es jetzt besser läuft«, sage ich, und wir nehmen die Stute mit nach draußen.

Tatsächlich bewegt sich die Stute wieder viel geschmeidiger und freudiger als zuvor.

Ihr Besitzer blickt hocherfreut in meine Richtung.

»Du bist ja eine richtige Knochenknackerin«, sagt er anerkennend, und wir müssen alle drei lachen.

So bekomme ich als Tierärztin schon nach der ersten Behandlung meinen isländischen Spitznamen: Knochenknackerin.

Björgvin zwinkert mir wieder zu, dieses Mal anerkennend, so als wollte er sagen: »Gut gemacht, Susi!«

Wir wissen beide: Wenn Atli, der Züchter und Pferdetrainer, diese Geschichte weitererzählt, kommen die Kunden bald von ganz allein auf mich zu ...

Schon in den Tagen danach melden sich dann tatsächlich die Ersten, die von meinem chiropraktischen Einsatz gehört haben und mich bitten, ob ich auch mal bei ihnen vorbeikommen könne.

Und dann kommt noch ein Anruf. »Ja, guten Tag, ich bin Journalist beim *Bændablaðið*, der Bauernzeitung. Wir haben gehört, du bist eine Tierärztin aus Deutschland und behandelst Pferde mit Chiropraktik. Das hat es bei uns in Island bisher noch nie gegeben. Können wir ein Interview mit dir machen?«

Aber sicher doch! Nach nur wenigen Wochen in Island habe ich schon mehr und mehr Kunden – und jetzt kommt sogar die Presse und will wissen, was ich da tue.

»Da hast du aber ins Schwarze getroffen«, meint Björgvin mit unverkennbarer Anerkennung in der Stimme. »Die Bauernzeitung liest wirklich jeder Pferdebesitzer hier. Die liegt gratis in den Supermärkten und Tankstellen im ganzen Land aus. Eine bessere Plattform kannst du dir gar nicht wünschen.«

Bald rufen auch Pferdevereine aus verschiedenen Landesteilen an, ob ich bereit sei, einen kleinen Vortrag – samt praktischer Demonstration – bei ihnen zu halten. Besser kann mein Start nicht sein. Ich reise durchs Land, gebe Interviews, führe meinen Ansatz vor und gewinne immer mehr Kunden.

Auch hier hilft mir Björgvin einmal mehr ungemein. Er ist zwar ebenfalls noch jung, aber schon ein sehr angesehener Pferdetierarzt, der eben nicht zuletzt auch die teuren Turnierpferde betreut. Auch zu diesen Ställen nimmt er mich mit und lässt mich mit den Tieren arbeiten.

Innerhalb kürzester Zeit hat sich aus einer vagen Idee mein absoluter Traumjob entwickelt, ich darf jetzt doch tatsächlich die besten der besten Islandpferde behandeln.

Ritt auf neuen Wegen

Mehr Kunden bedeuten mehr Arbeit und auch mehr Geld, denn von Björgvins Seite bekomme ich kein Gehalt, sondern darf einen Teil der in Rechnung gestellten Behandlungskosten behalten. Von Anfang an fühle ich mich daher selbstständig und selbstverantwortlich, viel freier als noch zu der Zeit in Deutschland, als ich tatsächlich angestellt war.

Die Miete bei Una und Leifur ist nicht hoch, ich brauche weiter nicht viel zum Leben, also kann ich für die Sommermonate etwas Geld ansparen und mit ein paar Freunden eine mehrtägige Reittour planen.

Wir sind zu zwölft, alles erfahrene Reiter, die die Natur Islands auf dem Rücken der besonders trittsicheren Islandpferde genießen möchten. Mehr als drei Tage sind leider nicht drin, aber immerhin. In dieser Zeit werden wir fast niemanden sehen.

Die Route ausgeklügelt hat Þorri, den ich noch aus Deutschland kenne. Er war der beste Freund meines Freundes. So wurde er auch einer meiner besten Freunde, und das blieb er selbst, nachdem ich mit meinem Freund Schluss gemacht hatte. Seit ich hier in Island bin, betreue ich auch seine Pferde. Þorri wohnt zwischenzeitlich im Norden, in Akureyri, der größten Stadt Islands, abgesehen von den Agglomerationen in der Hauptstadtregion.

Wir reiten durch das Fnjóskadalur, ein Tal nur ein paar Kilometer nordöstlich von Akureyri, und doch hat man dort den Eindruck, als ob man ganz allein auf der Welt wäre. Zu Fuß kämen wir hier nicht durch, zu unwegsam ist das Gelände. Für unsere Pferde hingegen ist das kein Problem.

»Wusstest du, dass wir Isländer ohne das Pferd auf dieser unwirtlichen Insel mit Sicherheit nicht hätten überleben können?«, fragt Þorri, als wir gerade über ein schneebedecktes Feld bergauf reiten. »Im Winter war das Reisen zu Fuß noch möglich. Da musste man sich zwar verdammt warm anziehen, aber immerhin waren die Flüsse zugefroren, sodass man von einem Ort zum anderen kam. Im Sommer ging das aber nicht. Nur auf den Pferden konnte man dann von A nach B reisen, nur so konnten Essen und Material transportiert werden. Die Pferde waren für uns also wirklich überlebensnotwendig.« Wir reiten ein längeres Stück Seite an Seite, sprechen, je weiter weg wir von der Zivilisation sind, über Gott und die Welt.

Wieder weiter unten im Tal verlassen wir die Schneefläche und passieren Geröllfelder voller Lavasand und Basaltsteinen. Die Pferde gehen trittfest ihren Weg. Ich genieße die spektakuläre Natur mit jedem Atemzug, die Mitglieder unserer bunt zusammengewürfelten Gruppe kommen gut miteinander aus, und auch die Pferde scheinen Spaß an der Sache zu haben.

Und doch komme ich ins Grübeln. In meinem Innern weiß ich, dass ich eine Entscheidung treffen muss. Eine, die durchaus mein weiteres Leben bestimmen kann. Die Frage lautet schlicht und ergreifend: Was mache ich im Oktober? Soll ich zurück nach Deutschland gehen, dort wieder meinen alten Job antreten, einen weiteren Schritt auf der Karriereleiter machen und Teilhaberin einer Pferdeklinik werden? Oder soll ich in Island bleiben und versuchen, hier Fuß zu fassen und mir von Grund auf ein neues Leben und eine neue Karriere aufzubauen?

Und obwohl ich doch sonst eigentlich so entscheidungsfreudig bin, wird mir bei dieser Frage ganz schwer ums Herz. Ich werde mit jeder Stunde im Sattel stiller und stiller, grüble und wäge ab: Wenn ich ab Oktober wieder in Deutschland bliebe, könnte ich endlich richtig Geld verdienen und müsste nicht nur für einen Hungerlohn arbeiten, ich hätte Weiterbildungsmöglichkeiten und moderne Apparaturen zur Verfügung, Kollegen, mit denen ich mich auf hohem Niveau austauschen könnte, wäre in ein großes Netzwerk eingebunden, hätte meine Pferde und meinen Hund bei mir, sähe meine Freundinnen und vor allem auch meine Eltern endlich wieder öfter. Bliebe ich hingegen in Island, müsste ich mir im Klaren darüber sein, dass die Arbeitsbedingungen so einfach wären, wie ich sie in den letzten Monaten kennengelernt habe, dass ich mich hier nirgendwo weiterbilden könnte und dass ein großes Netzwerk an Tierärzten einfach nicht vorhanden wäre. Meine deutschen Freundinnen träfe ich dann nur mehr im Urlaub, und auch meine Eltern würde ich viel weniger sehen.

Meine Eltern sind für mich ein wichtiger Dreh- und Angelpunkt in meinem Leben. Wichtige Entscheidungen habe ich immer in Absprache mit ihnen getroffen. Auch wenn sie nicht immer meiner Meinung waren, so haben sie meine Entscheidungen doch immer akzeptiert und mitgetragen. Sie bildeten schon immer meinen größten Rückhalt und wären dann doch einen Ozean weit weg, wenn ich in Island bliebe ...

Wir reiten auf dem kahlen Lavafeld wieder ein wenig bergauf. Am Scheitelpunkt angekommen, sehen wir unter uns ein Schneefeld, das fast bis nach unten an einen Flusslauf führt. Auf der anderen Seite des Flusses schillert die grün bemooste Bergwand.

Nach ein paar Stunden rücke ich heraus mit der Sprache: »Þorri, ich grüble die ganze Zeit und möchte gern wissen, was du dazu sagst.«

»Na endlich«, sagt Þorri, »ich dachte schon, du rückst gar nicht mehr raus mit der Sprache.«

»Wie meinst du das?«, wundere ich mich.

»Du bist die letzten Stunden so still gewesen, und es ist ziemlich offensichtlich, dass du mit dir ringst.«

»Ja, das ist wohl so«, antworte ich ihm. »Ich befinde mich in einem ziemlichen Dilemma, einem selbst gemachten, wohlbemerkt.«

»Na, was ist denn los?«, bohrt Þorri nach.

Wir machen uns am Ende der Gruppe gerade auf, das Geröllfeld hinunterzureiten. Die Pferde suchen vorsichtig Halt, gehen aber Schritt für Schritt weiter.

»Die Sache ist die«, beginne ich zögernd. Ich habe noch keine Ahnung, wie ich meine Überlegungen in Worte fassen soll. Aber vielleicht hilft mir das ja, meine Gedanken zu ordnen. »Ich bin jetzt seit ein paar Monaten hier, und es gefällt mir unheimlich gut. Die Arbeit, die Leute, die Natur, einfach alles. Und ich mache hier den Job, den ich mir schon immer erträumt habe: Ich darf mit Islandpferden arbeiten. Nach dem Sommer geht es für mich wieder zurück nach Hause ...«

»Und was machst du dann?«

Ich erzähle ihm von dem Angebot, Teilhaberin der Klinik zu werden, bei der ich angestellt war.

»Das ist natürlich ein verlockendes Angebot«, muss auch Þorri bekennen.

»Ja, schon. Ich habe da wohl wirklich die Möglichkeit einer glänzenden Karriere vor mir, etwas mehr Freiheiten und werde wohl auch ziemlich gutes Geld verdienen.«

»Aber?«, hakt Þorri nach.

Wir erreichen eine schneebedeckte Eisfläche auf der Nordseite des Tales: Schnee und Eis bleiben in Island, vor allem auf Nordhängen und in Bereichen, die die Sonne kaum erreicht, mitunter das ganze Jahr über liegen.

»Aber auf der anderen Seite sind da der Stress, die Hektik, dieses Auf-die-Minute-durchgetaktet-Sein, die ewig unzufriedenen Kunden.«

»Bist du denn bereit, für Karriere und Geld diesen Stress und die Unzufriedenheit der Leute auf dich zu nehmen?«

»Das ist es ja gerade; ich weiß es nicht so recht. Mein Kopf sagt mir, dass ich auf jeden Fall nach Deutschland zurückgehen und dort den Weg weiterverfolgen sollte, den ich bisher eingeschlagen habe.«

Wir sind unten bei dem Flusslauf angekommen. Hier ist es flach, und wir können endlich auch einmal wieder tölten. Der Tölt ist eine besondere Gangart, die fast nur Islandpferde beherrschen. Sie ist genetisch bedingt. Hat ein Pferd dieses Gen, zeigt es diese zusätzliche Gangart oft schon als Fohlen auf der Wiese. Hat es das Gen nicht, wird es den flüssigen Tölt auch nicht erlernen können. Das Besondere am Tölt ist, dass man als Reiter sehr ruhig im Sattel sitzt, fast so, als würde man schweben. Und auch im Tempo gibt es fast keine Grenzen: Kann Fliegen wirklich schöner sein?

Wir genießen das Tal mit seinem Flusslauf, die frische, saubere Luft, die nach feuchtem Moos riecht.

»Und dein Bauch?«, fragt Þorri schließlich. »Was rät dir der?«

»Oh Mann, Þorri, ich weiß auch nicht«, entgegne ich ungeduldig. Ich merke insgeheim, dass er dem Kern des Problems ganz nahekommt. Der Kern, auf den mein Kopf nicht hören will.

»Ich versuche nur, dir bei deiner Entscheidung zu helfen. Wenn ich das richtig heraushöre, sagt dein Bauch etwas anderes?«

Mir wird regelrecht unwohl. Ich presse ein lang gezogenes »Ach« aus meinem Bauch, aus meinen Lungen.

»Das ist es ja gerade«, winde ich mich, »hier in Island passt einfach fast alles. Das ist es doch, was ich immer haben wollte, das hier war schon immer mein Traum, schon als Kind: in Island mit Pferden zu arbeiten.«

»Und«, fragt Þorri, »was hält dich dann zurück?«

»Ich kann doch hier nicht einfach eine Gefühlsentscheidung aus dem Moment heraus treffen«, erwidere ich. »Außerdem habe ich hier keine Fortbildungsmöglichkeiten, und es ist vollkommen ungewiss, ob ich hier tatsächlich mit meiner Arbeit genug Geld verdienen kann.«

»Aber das gelingt dir doch jetzt auch!?«

»Ja, aber das war ja nur für ein halbes Jahr. Jetzt haben die interessierten Kunden auch alle mal die Chiropraktik ausprobiert. Aber akzeptieren die Isländer diese Behandlungsform wirklich langfristig? Werde ich nicht nur als Gast, sondern auch dauerhaft als Tierärztin akzeptiert werden, wenn ich hier wohne? Ach, das ist alles zu kompliziert. Ich muss zurück und in Deutschland praktizieren, um mich weiterzuentwickeln. Da kann ich ja unter anderem auch mit Islandpferden arbeiten, und ein-, zweimal im Jahr komme ich dann eben auf Besuch.«

»Und, macht dich das dann glücklich?«, fragt Þorri.

Ich überhöre seine Frage geflissentlich und argumentiere weiter: »Außerdem, wie soll ich das meinen Eltern erklären? Ich bin ein Einzelkind, verstehst du? Dann ist das einzige Kind auf einmal so weit weg. Und meine Eltern sind mir auch wichtig. Zudem habe ich noch die Pferde und den Hund in Deutschland, die könnte ich gar nicht mit hierher nehmen. Wer soll sich dann um meine Tiere kümmern? Ach, das geht alles einfach nicht.«

»Schau, Susi«, sagt Þorri, »ich kenne dich ja nun schon einige Zeit und weiß, dass du eher ein Kopfmensch bist. Ich weiß aber auch, dass ich dich noch nie so glücklich gesehen habe wie in den letzten Monaten. Natürlich ist es deine Entscheidung, was du machst, aber wenn du mich fragst ...«

Wir halten kurz an. Hier ist eine günstige Stelle, um den Fluss zu überqueren. Die Strömung ist nicht zu stark und das Wasser nicht zu tief. Nacheinander reiten wir mit unseren Pferden durch den Fluss. In der Mitte reicht uns das Wasser bis zu den Knien. Wir fixieren einen Punkt am anderen Ufer und überlassen es unseren trittsicheren Tieren, den richtigen Weg durch die starke Strömung zu finden. Auf der anderen Seite angekommen, setzen wir unseren Weg auf der sonnigen und moosbedeckten Talseite fort.

Als wir wieder zu zweit nebeneinander reiten, frage ich Þorri: »Ja? Was wolltest du sagen?«, und mir wird immer mulmiger.

»… Also wenn du mich fragst, dann hast du dir diese Frage schon allein dadurch beantwortet, dass du hier stundenlang mit uns im Sattel sitzt, oder?«

»Wie meinst du das?« Anscheinend habe ich ein Brett vor dem Kopf.

»Dass du bleiben wirst. Du weißt nur noch nicht, wie du deinem Gehirn verklickern kannst, wie es kommt, dass dein Bauch diese Entscheidungsschlacht gewinnt«, sagt er mit einem fast schon entschuldigenden Lachen im Gesicht.

Auch ich muss jetzt lachen, oder muss ich weinen? Jetzt reite ich hier seit Stunden auf dem schneeweißen Traumtölter Máttur, meinem erklärten Lieblingspferd, das unserem gemeinsamen Freund Haukur gehört, durch die wilde isländische Landschaft und kann mir nicht vorstellen, dass das Leben jemals besser sein könnte als in diesem Moment! Auf jeden Fall scheint es mir, dass mein Körper wieder mehr Raum einnehmen kann, die Lungen sich wieder mehr mit Luft füllen, der Bauch entspannt. Ich atme auf. Erst jetzt merke ich, wie angespannt ich die ganze Zeit über war.

»Danke, Þorri«, sage ich, »du hast recht. Eigentlich habe ich die Entscheidung wohl tatsächlich im Innern schon längst getroffen. Ich bleibe!«

»Gratulation«, beglückwünscht mich Þorri, »willkommen in Island! Dieses Mal für immer.«

Ich fühle in mir eine tiefe Freude, bin aber auch leer. Diese Entscheidungsfindung hat mich viel Energie gekostet. Aber Þorri hat recht. Wann, wenn nicht jetzt, soll ich den Sprung wagen? Schließlich habe ich mir ja in den letzten Monaten einen guten Start verschafft, warum sollte sich das nicht fortsetzen? Wenn ich hart arbeite und an meinen Traum glaube, dann klappt das.

»Da, schau«, unterbricht Þorri meinen Gedankengang, »da vorn, ein Rabe. Vielleicht ist Óðinn ja in der Nähe ...«

Odin, der heidnische, überaus weise Gott, der sein Wissen seinen beiden Raben Hugin (Gedanke) und Munin (Erinnerung) verdankt.

Krächzend fliegt der große schwarze Vogel über unsere Köpfe hinweg, so als wollte er meine Entscheidung bestätigen.

Alles wird gut!

»Björgvin«, ich bin wieder zurück auf der Arbeit, »was meinst du, könntest du dir vorstellen, also ich meine, wenn ich ganz hierherziehen würde, könnte ich dann weiter bei dir arbeiten?«

»Das wurde aber auch Zeit«, sagt Björvín.

»Was wurde Zeit?«

»Ja, glaubst du denn, ich habe nach dem ersten Tag auch nur eine Sekunde daran gezweifelt, dass du hierbleiben wirst?«, antwortet er schelmisch grinsend.

Jetzt bin ich aber platt. »Du meinst, dir war das die ganze Zeit schon klar?«

»Ja natürlich! So wie du dich hier reingehängt hast und das Ganze genießt, wärst du ja, ehrlich gesagt, schön blöd, wenn du das wieder aufgibst und einfach zurückgehst«, erklärt Björgvin und schaut mich schelmisch an.

Dann fängt er plötzlich an zu lachen. Mir fällt ein Stein vom Herzen, und ich stimme in sein Lachen ein.

Im August werde ich mich dann aber erst einmal auf den Weg nach Deutschland machen müssen: Das Auto muss aus zollrechtlichen Gründen ausgeführt werden, ich möchte meine Möbel und wichtige Sachen holen, außerdem ist allerlei Papierkram zu regeln.

Und meinen Eltern und Freunden muss ich meine Entscheidung ja auch irgendwie erklären.

»Dann kommst du einfach im Herbst wieder, wenn das alles erledigt ist«, schlägt Björgvin vor, und ich bin froh, dass er so relaxt an die Sache herangeht. Das erspart mir eine Menge Stress.

Ich möchte mich schon bedanken und wieder an die Arbeit gehen, als er noch mal Luft holt.

»Übrigens, ich habe da noch eine Aufgabe für dich«, meint er.

Da bin ich ja gespannt.

»Du fährst doch mit deinem Auto auf der *Norrœna* zurück, über Dänemark?«, fragt er.

»Ja, ich muss das Auto ausführen, und so kann ich mich in Deutschland auch frei bewegen.«

»Also, die Sache ist die«, beginnt er. »Du weißt ja, dass ich für die isländische Equipe als begleitender Tierarzt arbeite.«

»Ja, und?«

»Nun, im August findet die Weltmeisterschaft für Islandpferde in Schweden statt. Ich möchte aber eigentlich nicht dorthin reisen. Darum habe ich dem Verband vorgeschlagen, dass du stattdessen mitfahren könntest. Ich dachte, du fährst sowieso als Zuschauerin dorthin, da kannst du auch gleich die isländischen Pferde betreuen. Denn schließlich sind einige in den letzten Monaten eh schon deine Kunden geworden.«

»Ich soll was?« Mich haut es fast vom Stuhl.

»Na, ganz einfach, du wirst die isländische Equipe als Tierärztin bei den Weltmeisterschaften in Schweden betreuen«, wiederholt er trocken. Die Fältchen um seine Augen verraten aber auch seine klammheimliche Freude, mir das erzählen zu dürfen.

»Du machst jetzt aber keine Witze, Björgvin, oder?«

»Nein, ich habe dich vorgeschlagen, und der Verband ist einverstanden. Dem steht also nichts mehr im Wege.«

Ich bin erst wenige Monate in Island und schon Teil der isländischen Equipe bei der Weltmeisterschaft!

Ich kann es kaum fassen. Ich habe eine Gänsehaut am ganzen Körper, platze fast vor Freude. Wenn es noch irgendwie einer Bestätigung bedurft hätte, dass ich mit meinem Verbleib in Island die richtige Entscheidung getroffen habe: Hier ist sie!

Spannend wie ein Schwedenkrimi: Als Equipe-Tierärztin zur Weltmeisterschaft

Kurz vor der Abfahrt erwähnt Björgvin ganz nebenbei, dass ich auch noch die Pferde der amerikanischen Equipe und die der Färöer mit betreuen solle. Ich trage also die Verantwortung für mehr als zwanzig Tiere. Anstatt mir darüber Sorgen zu machen, freue ich mich riesig auf die Weltmeisterschaft.

Seit 1987 habe ich keine einzige WM als Zuschauerin verpasst, und jetzt werde ich sogar dafür bezahlt, hinter den Kulissen dabei zu sein. Tatsächlich werde ich Hand an einige zukünftige Weltmeister anlegen dürfen, die ich früher nur von den Zuschauertribünen bestaunen konnte.

Ich packe alles ein, von dem ich denke, dass es vielleicht hilfreich sein könnte. Man weiß ja nie, was bei so einem internationalen Turnier alles passieren kann. Und die Wetterbedingungen in Schweden sind für unsere Islandpferde im Hochsommer sicher sehr ungewohnt. Was da wohl noch alles auf uns zukommen wird?

Nach der Überfahrt mit der *Norrœna* dämmert mir im Auto von Dänemark nach Schweden so langsam, dass ich ja eigentlich keine Ahnung habe, was mich erwartet. Schaue ich vor allem beim Turnier zu und greife nur ein, wenn sich ein Pferd verletzt oder krank wird? Oder bin ich den ganzen Tag im Einsatz und sehe nach jedem einzelnen Tier? Wie werden sich die Trainer, Reiter und Besitzer mir gegenüber verhalten?

Die Frage beantwortet sich dann schon in den ersten Minuten wie von selbst: Alle Reiter, Besitzer, die Betreuer und ich als Equipe-Tierärztin stehen bei den Transportboxen, als die Pferde aus Island ankommen. Wir nehmen die Vierbeiner in Augenschein, lassen sie kurz ein paar Schritte gehen und bringen dann einen nach dem anderen in seinen Quarantänestall.

Als wir eine der Transportboxen öffnen, erstarren wir augenblicklich. Das Pferd, das vor uns steht, ist klapperdürr, nur noch Haut und Knochen. Es ist ein Zuchthengst, der seinem Besitzer hier viel Geld einbringen soll. Wenn ich das Pferd also nicht innerhalb weniger Tage wieder aufpäppeln kann, bleibt der Besitzer auf seiner Investition sitzen, und ich habe unter Umständen schon einen schlechten Ruf, bevor die Weltmeisterschaft überhaupt angefangen hat.

»Bringt das Pferd sofort in den Stall, das darf niemand sehen«, ordnen Equipe-Chef Siggi und Trainer Einar unisono an.

Was wir auch sofort tun. Wir stehen mit einer kleinen Gruppe vor der Box und beratschlagen, was wir mit dem Pferd machen sollen. In diesem Zustand ist es auf jeden Fall zu nichts zu gebrauchen.

»Dann spritz ihm doch einfach irgendwas, sodass er wieder fit wird«, meint der Besitzer.

»Das scheint mir nun keine gute Idee«, antworte ich ihm. »Schließlich gibt es ja Dopingregeln, an die wir uns tunlichst zu halten haben, sonst wird dein Pferd gleich von vornherein disqualifiziert.«

»Woher weißt du denn, was für Dopingregeln hier gelten, Knochenknackerin? Das wird schon nicht so schlimm sein«, meint einer aus der Gruppe aufmüpfig.

»Die Regeln kenne ich sogar ziemlich genau«, sage ich, »denn ich bin nicht nur Tierärztin und Fachärztin für Pferde, sondern auch internationale Sportrichterin. Und da ich seit 15 Jahren

Turnierrichterin bin, kenne ich das Reglement in- und auswendig. Also, das Turnier beginnt in einer Woche, und alles, was ich dem Hengst jetzt spritze, ist zu Anfang des Turniers noch nachweisbar.«

Ich ernte betretene Stille. Die Herren um mich herum scheinen sich auf einmal sehr konzentriert für die Beschaffenheit des Fußbodens zu interessieren. Bei einigen von ihnen kann ich aber auch ein kaum sichtbares, anerkennendes Nicken feststellen. Das hatten sie wohl nicht erwartet.

»Du bist zwar noch jung und das erste Mal in dieser Funktion dabei, scheinst aber einiges auf dem Kasten zu haben«, unterbricht ein groß gewachsener Besitzer die Stille.

Ich habe mir Respekt verschafft.

»Ja, ja, gut«, lässt sich schließlich auch der Besitzer des Zuchthengstes vernehmen. »Und was schlägst du dann stattdessen vor?«

»Ich stelle einen Futterplan zusammen, um den Hengst so schnell wie möglich wieder aufzupäppeln. Wir haben ja unsere Sponsoren für Zusatzfutterpräparate hier gleich um die Ecke, da bekomme ich bestimmt alles, was ich brauche. Und da der Hengst im Moment anscheinend nur aus der Hand frisst, aber nicht aus einem Netz oder dem Futtertrog, muss ihm jeder von uns jedes Mal, wenn er an der Box vorbeigeht, eine Spritze mit Öl und eine Spritze mit dem Futterbrei ins Maul geben. Und denkt daran, dass ihr euch vorher und nachher immer die Hände desinfiziert. Vielleicht schaffen wir es so, Numi rechtzeitig vor dem Start wieder fit zu bekommen«, fordere ich sie auf.

Beeindruckt stimmen alle zu.

Dann erinnere ich mich noch an einige Akupunkturtechniken, die ich vor einiger Zeit in einem Fortbildungskurs gelernt habe. Durch Aktivieren bestimmter Punkte lässt sich der Appetit eines Pferdes anregen. Auch Numi reagiert darauf und fängt schon bald wieder an, selbstständig zu fressen.

Einen Tag später gibt es gleich die nächste Krise. Als einer der Reiter am Mittag vom Training zurückkehrt, steuert er direkt auf mich zu und deutet auf die Beine seines Pferdes.

»Schau dir das mal an, Susi. Das Pferd hat lauter Schwellungen an den Beinen. Das ist doch nicht mehr normal.«

Ich schaue mir die Quaddeln genau an.

»Ach herrje, dein Pferd reagiert allergisch auf Mückenstiche«, teile ich ihm die Diagnose mit.

Ein Problem, das wir in Island nicht haben. Dort gibt es nur an wenigen Stellen im Land überhaupt Mücken, und die meisten stechen nicht. Dies war für das frisch aus Island angereiste Pferd also das allererste Mal, dass es mit so einer Plage konfrontiert wurde.

»Und was bedeutet das jetzt?«, fragt der Reiter mit sorgenvoller Miene. »So kann ich jedenfalls nicht starten. Das Tier wird ganz unruhig, es hat deutliche Schmerzen.«

»Ja, weil die Quaddeln nicht nur an den Beinen, sondern praktisch über den ganzen Körper verteilt sind.«

»Und was macht man dagegen?«, bohrt der Reiter besorgt nach.

»Tja, effektiv eincremen können wir wegen der Dopingregeln leider nicht. Aber lass mich mal schauen, ich glaube, ich weiß, wie ich die Schwellungen und die Entzündungen behandeln kann.«

»Mir ist alles recht«, meint er, »wenn ich nur starten darf.«

Jetzt kann ich endlich meine Geheimwaffe einsetzen, freue ich mich. Zum Glück habe ich vor einem halben Jahr meinen medizinischen Laser aus Deutschland mitgebracht. Diesen Apparat gab es in Island bis zu diesem Zeitpunkt noch nicht.

Tatsächlich schaffe ich es mit den Laserbehandlungen, die Quaddeln und den Juckreiz in den Griff zu bekommen. Das Pferd kann starten.

»Hast du dir das so vorgestellt, als du gebeten wurdest, diesen Job hier zu übernehmen?«, fragt mich Siggi, der Equipe-Chef, nach ein paar Tagen, als ich gerade die Pferde in den Boxen inspiziere.

»Ehrlich gesagt, habe ich mir gar nichts konkret vorgestellt«, antworte ich. »Ich wusste wirklich nicht, was auf mich zukommt.«

»Und, was meinst du«, fragt er weiter, »ist das okay so für dich? Schaffst du es?«

»Bis jetzt geht es, danke«, antworte ich.

»Den Eindruck habe ich eigentlich auch«, meint er. »Irgendwie schaffst du es ja, einen kühlen Kopf zu bewahren, auch wenn manche Situation im ersten Augenblick recht aussichtslos erscheint. Und vor allem«, ergänzt Siggi, »scheinst du nie aufzugeben. Das schätze ich sehr!«

Ich freue mich sehr über das Lob des erfahrenen Equipe-Chefs und bin ziemlich erleichtert, dass bisher alles so gut ging und mich die Equipe akzeptiert und meine Vorschläge und Behandlungsmethoden ernst nimmt.

»Weiter so«, sagt er dann noch und zwinkert mir zu.

Ist das jetzt wirklich wahr? Ich juble innerlich, kann es kaum fassen. Mich erfüllen seine Worte mit Freude, aber auch mit Demut und einem unwahrscheinlichen Ehrgeiz, mich während dieser Weltmeisterschaft noch mehr für jedes einzelne Pferd einzusetzen. Ich denke an meine Zeit als Tierärztin in Deutschland, an den ständigen Stress dort. Und dann dieser Gegensatz zu hier. Auf einer Weltmeisterschaft lastet zwar per se ein großer Druck auf allen, jeder ist bis in die Haarspitzen angespannt, keiner kann es mehr erwarten, bis es endlich losgeht. Und doch bleiben alle so positiv, machen Scherze, genießen diese besondere Zeit auch – und dann steht plötzlich auch noch der Equipe-Chef vor mir und lobt mich über den grünen Klee. Ja, meine Entscheidung, im Herbst endgültig nach Island zu ziehen, ist goldrichtig. Auf dieser Insel und mit diesem Schlag von Menschen kann ich mein Leben führen. Eine bessere Motivation, alles während dieses Turniers zu geben, gibt es einfach nicht.

Eine typische Eigenschaft der Isländer ist eine gewisse Schludrigkeit. Beim Reiten kann man dieses Verhalten oft beobachten, wenn Reiter absteigen und dann die Gerte, die Reitpeitsche, einfach irgendwo in die Ecke stellen. Steigen sie das nächste Mal auf ein Pferd, nehmen sie einfach die Gerte, die ihnen gerade am nächsten ist. Sehr praktisch, weil man sich nicht weiter damit beschäftigen muss, wo die eigene abgeblieben ist, und man sich ganz aufs Reiten konzentrieren kann. Nicht so jedoch bei einer Weltmeisterschaft, bei der es strenge Regeln gibt.

»Leute«, warne ich zwei Tage, bevor das Turnier endlich startet, »ich habe gesehen, dass ihr mit allen möglichen Gerten unterwegs seid und dass die auch überall herumliegen. Ist euch klar, dass ihr disqualifiziert werdet, wenn eure Gerte auch nur einen Zentimeter länger ist als die zugelassenen 1,20 Meter?«

Ungläubiges Staunen. »Ach, das wird schon nicht so streng gehandhabt werden«, sagt jemand. »Das macht doch keinen großen Unterschied, ob die Gerte jetzt ein paar Zentimeter länger ist oder nicht«, meint ein anderer, und ein Dritter wirft ein: »Du mit deiner deutschen Perfektion, lass gut sein.«

Isländer an sich haben es nicht so mit Regeln. Es ist sogar eher so, dass sie, wenn man ihnen Regeln auferlegt und Grenzen zieht, diese mit großer Lust einfach ignorieren und sich darüber hinwegsetzen. Ein Wesenszug, der für die gesamte Insel gilt, bei einem internationalen Turnier aber hochriskante Folgen zeitigen kann. Als Equipe-Tierärztin ist es zwar nicht meine Aufgabe, mich um die Länge der Gerten zu kümmern, als internationale Sportrichterin weiß ich aber, worauf meine Kolleginnen und Kollegen achten werden. Darauf weise ich auch hin, und so langsam dämmert es den Reitern, dass sie das Risiko einer Disqualifikation doch lieber vermeiden sollten.

»Wir machen das so«, nehme ich das Heft die Hand. »Ich habe ein Maßband hier und zeichne auf der Tür neben der Equipe-Box, wo ihr eure Sättel und persönlichen Dinge aufbewahrt, Striche auf. Wenn eure Gerte innerhalb der Markierungen bleibt, ist ihr Maß in Ordnung. Wenn nicht, könnt ihr sie ein paar Zentimeter kürzer schneiden. Eine Schere binde ich euch hier auch gleich an den Pfosten.«

Einar, der Equipe-Trainer, sagt anerkennend: »Da können wir ja froh sein, dass auch wir eine deutsche Tierärztin in unseren Reihen haben und nicht nur die deutsche Equipe.« Auch in Island werden die Deutschen eben gern als ordentlich und pünktlich charakterisiert ...

»Ich habe mir vorgenommen, eine Liste zu schreiben, was ihr das nächste Mal unbedingt mitnehmen solltet, wenn es auf ein internationales Turnier geht«, verrate ich Einar, als wir ein paar Augenblicke später zusammensitzen. »Dann braucht der nächste Equipe-Tierarzt nicht mehr darüber nachzudenken.«

»Und was kommt so alles auf deine Liste?«, fragt Einar neugierig nach.

»Zum Beispiel magenschonendes Zusatzfuttermittel, Mückenschutz, Fliegendecken, Hüte mit Fliegennetzen für die Reiter, Kühlgels, Sonnenschutzcremes, solche Dinge«, liste ich auf.

»Haha«, lacht er, »ja, vor allem das mit den Sonnencremes ist keine schlechte Idee. Das hat uns sehr geholfen.«

»Weißt du, mein Vater ist Hautarzt und meine Mutter Kosmetikerin. Bei uns zu Hause bin ich schon von Kindesbeinen an damit groß geworden, dass man im Sommer Sonnencreme benutzen muss. Und für die Hellhäutigen oder gar Rothaarigen unter euch, was ja häufig vorkommt, ist die Sonneneinstrahlung auch hier in Schweden nicht zu unterschätzen.

»Gut, dass du daran gedacht hast, Susi«, stimmt mir der – richtig – rothaarige Einar zu. »Es war vom Rand aus schon lustig zu sehen, wie du die Reiter, die schon in voller Montur mit Schlips und Handschuhen auf dem Pferd saßen, noch kurz vor dem Training eingeschmiert hast«, lacht er. »Weißt du, wir sind das wohl bisher nicht so richtig professionell angegangen. Deine deutsche Gründlichkeit, dein Wissen um die Regeln, das alles hilft uns doch sehr. Das mit der Liste ist ja nun auch wahrlich nichts, auf was ein Isländer jemals gekommen wäre!«

Dann macht er eine kurze Pause und ergänzt schließlich mit vielsagendem Blick: »Ich möchte den Dingen ja nicht vorgreifen, aber ich kann mir sehr gut vorstellen, dass du nächstes Mal die Sachen auf deiner Liste selbst einpacken darfst ...«

Die Weltmeisterschaft wird für meine isländische Equipe ein großer Erfolg. Und ich bin stolz, dass auch ich meinen Teil dazu beitragen kann: Mein Mückenstichpatient schafft es bis in die Endausscheidung, und der zunächst so klapperdürre Hengst wird doch tatsächlich Weltmeister in seiner Altersklasse!

Der Schritt über den Großen Teich

Mit diesem Hochgefühl fahre ich von der Weltmeisterschaft zu meinen Eltern nach Hamm in Westfalen. Mein alter Audi teilt mein Hochgefühl leider nicht und entscheidet sich auf halber Strecke irgendwo in Dänemark dafür, dass es ihm reicht. Vielleicht wäre er ja auch lieber in Island geblieben. Dank ADAC und einem Leihwagen kann ich meine Fahrt einen Tag später fortsetzen und werde von meinen Eltern schon freudig und voller Ungeduld empfangen.

Wir umarmen uns, und ich muss sogleich haarklein erzählen, wie es mir im letzten halben Jahr so erging. Natürlich haben wir auch ab und zu telefoniert, aber es ist doch etwas anderes, wenn man beieinandersitzt, Fotos anschaut und sich Zeit nehmen kann.

»Danke noch mal für deine Tipps, Papa.« Mein Vater hat eine dermatologische Praxis in Hamm und mir ein paarmal telefonisch ausgeholfen, wenn ich eine Frage zu Hautproblemen bei Pferden hatte. »Siehst du«, sage ich, »manchmal sind die Human- und die Tiermedizin doch nicht so weit voneinander entfernt.«

Als ich vor ein paar Jahren kundtat, dass ich zwar schon gern Medizin studieren wolle, aber doch lieber Veterinärmedizin, führte das zu so mancher Diskussion mit meinen Eltern: Mein Opa war schon Hautarzt, mein Vater auch, da wünschten sich die beiden natürlich, dass ich ihre alteingesessene Hautarztpraxis übernehmen sollte. Letztendlich haben meine Eltern aber meine Entscheidung akzeptiert, und spätestens jetzt, als sie hören, wie ich in schillernden Farben und mit großer Begeisterung von meinen Erfahrungen und Abenteuern in Island erzähle, verstehen sie wohl auch, dass die Veterinärmedizin für mich das ist, was mein Leben ausfüllt.

»Und wie steht es mit der Liebe?«, fragt meine Mutter vorsichtig. Sie klingt ein bisschen besorgt, weil ich mich vor meinem sechsmonatigen Islandaufenthalt von meinem langjährigen Freund getrennt hatte.

»Alles gut«, sage ich, »ich vermisse nichts. Ich hatte so viel zu tun, und es galt so viele neue Eindrücke zu verarbeiten, dass ich gar keine Zeit hatte, mich nach Männern umzuschauen.«

Ich habe auch wirklich nicht das Gefühl, dass mir ohne Mann irgendetwas fehlen würde. Ich führe im Moment ein Leben, das mich vollkommen glücklich macht.

Meine Mutter findet das natürlich schade, ist aber auch erleichtert, dass es mir damit gut geht.

Jetzt ist es an mir, eine heikle Frage zu stellen, oder besser gesagt, meine Entscheidung mitzuteilen.

»Was würdet ihr denn dazu sagen, wenn ich ganz nach Island ziehen würde?«, bringe ich schließlich über meine Lippen.

Sie holen beide tief Luft und schauen sich gegenseitig an. Stille.

»Nun«, beginnt dann mein Vater, »wir waren uns schon im Klaren darüber, dass das passieren könnte. Schließlich warst du ja schon als Kind begeistert von Island, und von deinen vorigen Besuchen bist du ebenfalls immer ganz selig heimgekommen.«

Er muss schlucken, und meine Mutter übernimmt.

»Es wäre für uns schon sehr schwer, Müppi, wenn du auf einmal für immer so weit weg wohnen würdest. Es war allerdings schon immer so: Wenn du dir etwas in den Kopf gesetzt hast, hast du dich davon auch von uns nicht mehr abbringen lassen. Und schließlich wollen Papa und ich ja auch, dass du glücklich wirst und dein Leben so leben kannst, wie du es gern möchtest.«

Müppi nennen mich meine Eltern schon seit meiner Kindheit, als ich noch ein wahrer Wonneproppen war.

Irgendwie ist uns jetzt allen dreien schwer ums Herz, und gleichzeitig sind wir auch erleichtert, dass dieses Thema, das wohl schon einige Zeit wie ein weißer Elefant im Raum stand, endlich angesprochen wurde. Meine Eltern kennen mich am besten, und ich bin ihnen dankbar, dass sie mich letztlich immer bei all meinen Entscheidungen unterstützt haben.

»Wisst ihr«, versuche ich, die Situation ein bisschen zu entspannen, »Island ist nur dreieinhalb Flugstunden weg, ich bin damit ja nicht aus der Welt.«

»Da hast du recht, und vielleicht kommen wir dich dann auch bald besuchen, sobald du dich da ein bisschen eingelebt hast«, meint mein Vater, schon wieder etwas heiterer dreinschauend.

»Dann musst du dich aber ganz schön ranhalten«, wird meine Mutter wieder praktisch, »wenn du bis zum Herbst alle deine Sachen sortieren, packen und verschiffen möchtest. Und dann musst du ja auch noch viel Organisatorisches erledigen. Wir helfen dir natürlich wie immer bei deinem Umzug. Das müsste jetzt der zehnte sein, wenn ich mich recht erinnere ...«

Wo sie recht hat, hat sie recht. Nicht nur muss ich alles Mögliche organisieren, ich möchte mich auch noch in Ruhe von meinen Freundinnen und Freunden vor Ort verabschieden, bevor ich mich endgültig auf den Weg in mein neues Leben mache.

Mein Ziel habe ich dabei immer fest im Blick: Im Oktober geht's wieder nach Island.

Dieses Mal verschiffe ich mein ganzes Hab und Gut auf einem Frachter und nehme einen Direktflug von Frankfurt nach Keflavík, dem internationalen Flughafen. Zum einen geht das viel schneller, und zum anderen habe ich kein gesteigertes Interesse, mich wieder im Winter bei Windstärke zwölf tagelang durchschütteln zu lassen.

Während ich noch in Deutschland bin, Behördengänge absolviere, meine Möbel und Sachen zusammensuche und entscheide, was ich mitnehme und was nicht, fällt mir auf einmal ein, dass ich ja noch gar kein Auto in Island habe. Um als Tierärztin arbeiten zu können, ist das aber unabdingbar, sonst kann ich nicht auf die Höfe gelangen und den Pferden helfen.

»Kennst du vielleicht jemanden in Island, der was von Autos versteht und dir in der Sache helfen kann?«, fragt meine Mutter.

»Da muss ich mal kurz nachdenken«, antworte ich. Die Sache ist die, dass ich eigentlich gleich von Anfang an ein Auto bräuchte. Das heißt, jemand müsste für mich, bevor ich wieder in Island ankomme, schon ein Auto gekauft haben.

Ich denke an ein befreundetes Paar, das einen kleinen Pferdestall in Mosfellsbær, etwas außerhalb von Reykjavík, besitzt. Ohne mir weiter den Kopf zu zerbrechen, ob ich sie mit meinem Anliegen überfalle, rufe ich die beiden an, und sie sehen überhaupt kein Problem darin, mir beim Autokauf behilflich zu sein. Ich sage ihnen, wie viel ich ausgeben könne und dass es unbedingt ein Kombi mit Allradantrieb sein müsse, sodass ich meine ganzen Tierarzt-Utensilien darin unterbringen und überall hinfahren könne.

Und als ich wenig später in Island ankomme, holen sie mich doch tatsächlich mit dem gebrauchten blauen Toyota, den sie für mich gekauft haben, vom Flughafen ab. Der Corolla sieht noch ganz ordentlich aus. In Deutschland habe ich diesen Autotyp noch nie gesehen, aber die Isländer schwören auf Toyota. Ich sehe aber auch auf den ersten Blick, dass er eigentlich ein wenig zu klein für meine Tierarztbedürfnisse ist.

Macht nichts, das wird schon irgendwie gehen. Ich bin den beiden jedenfalls sehr dankbar, dass sie so hilfsbereit waren und das für mich geregelt haben. So kann ich auf jeden Fall gleich mit meiner Arbeit loslegen.

Zunächst aber fahre ich in meine neue alte Wohnung zu Una, Leifur und Eiríkur.

Una steht schon am Fenster, als ich das Auto vor der Tür parke, und winkt mir zu.

»Komm doch gleich rauf, dann trinken wir ein Tässchen«, begrüßt sie mich noch auf der Treppe.

»Ja, gern«, antworte ich, »ich bringe nur noch schnell die Tasche runter.«

Ich habe mich schon darauf eingestellt, dass ich mindestens auf ein Stündchen bei Una und Leifur sein werde. So ist es auch jedes Mal, wenn ich zu ihnen in die Wohnung hochgehe und die Miete bezahle. Una und Leifur sind in ihren Achtzigern, sie tragen beide enorm dicke Brillengläser. Una sitzt den ganzen Tag, so scheint es mir jedenfalls, in ihrem großen Ohrensessel und strickt oder schaut, was sich gerade alles auf der Straße abspielt. Sie ist immer sehr elegant gekleidet, trägt oft eine Stola oder ein Strickjäckchen, manchmal auch einen selbst gestrickten Islandpulli, um sich warm zu halten.

Auch ihr Mann Leifur begrüßt mich herzlich. Er ist groß, geht etwas gebückt und humpelt. Und er hält, wie immer, eine brennende Zigarre in seiner Hand. Er pafft eine Rauchsäule ins Zimmer, bevor er mich bittet, mich doch zu setzen.

»Nun erzähl mal, wie erging es dir?«

Die beiden sind recht neugierig und freuen sich sehr, dass ich ihnen ausführlich von den Weltmeisterschaften und der Zeit mit meinen Eltern erzähle, wie ich mein Hab und Gut für das Frachtschiff verpackt und mich dann schlussendlich schweren Herzens dazu entschieden habe, mein Klavier doch nicht mitzunehmen.

»Leifur«, weist Una währenddessen ihren Mann an, »hol uns doch bitte noch einen Kaffee und ein Stückchen von dem Kuchen, der auf der Anrichte steht.«

Nach einer Weile kommt ihr Sohn nach Hause.

Auch Eiríkur freut sich, mich wiederzusehen. Etwas zu überschwänglich und unbeholfen vielleicht. Ich vermute, dass er sich wünscht, ich wäre mehr als nur die Mieterin, und dass seine Eltern das auch so sehen. Davon bin ich aber weit entfernt: Eiríkur ist nun mal gar nicht mein Typ.

»Jetzt bleibst du also in Island und arbeitest hier weiter als Tierärztin«, stellt Una fest. »Das ist doch sehr schön, dass es dir hier in unserem kleinen Land so gut gefällt.«

Es ist Una, die die meiste Zeit über redet. Auch wenn sie immer einen Rock trägt, so hat sie im Haus doch die Hosen an. So freundlich und zuvorkommend sie aber sein kann, Leifur und Eiríkur haben gefälligst zu tun, was sie sagt, sonst wird es recht schnell unangenehm. Dann geht Leifur manchmal für einige Zeit zum Zigarre-Paffen in die Garage. Dort steht auch sein Toyota Land Cruiser, dem dann seine ganze Hingabe gilt. Da gibt es immer was zu schrauben. Außerdem wienert und bohnert Leifur ihn immer wieder auf Hochglanz. Wenn Una einkaufen gehen will, ruft sie ihren Mann und lässt sich von ihm chauffieren. Am Samstag fahren sie regelmäßig nach Reykjavík zum Kólaportið, dem einzigen Flohmarkt im Zentrum der Hauptstadt, der jedes Wochenende geöffnet ist, bei dem es aber auch eine Ecke mit Lebensmittelhändlern gibt. Dort halten sie mit den Händlern ein Schwätzchen, hier hat noch jeder Zeit. Vor allem ältere Isländer kaufen an den Ständen ihren Fisch, einschließlich dem fermentierten Gammelhai, Rinderherzen, Schafsköpfen, Brot, Gemüse und Kartoffeln.

»Hier gibt es die besten Kartoffeln in ganz Island«, schwört Una.

Im Haus riecht es immer nach isländischer Hausmannskost, die Una mit Vorliebe zubereitet. Nicht nur der Geschmack, auch der Geruch ist dabei manchmal recht eigenartig. Die traditionelle isländische Küche ist mitunter eine recht gewöhnungsbedürftige.

Isländer haben traditionell schon immer alle Teile eines Tieres verwendet und alle essbaren auch schon immer als Speisen zubereitet. So kommen Kartoffeln mit Fisch oder Fleisch auf den Tisch, braune Soße (dafür gibt es extra Soßenfarbe, die auch mein isländischer Ex-Freund immer aus der Heimat nach Deutschland mitbrachte, obwohl die Farbe einfach vollkommen geschmacklos und nur für die Optik gedacht ist), und, je nach Jahreszeit, etwas Gemüse.

Ich mag meine Wohnung, auch wenn – oder gerade weil – ich gleich von der ganzen Familie nahezu adoptiert worden bin.

Da ich abends oft sehr spät erst nach Hause komme und nicht gern allein auswärts essen gehe, freue ich mich immer, wenn ich in meinem Kühlschrank einen Teller mit Unas selbstgekochtem Essen vorfinde – die Tür nach oben bleibt wie versprochen ja immer unverschlossen, und so können meine Vermieter jederzeit in meine Wohnung. Das ist durchaus gewöhnungsbedürftig. Aber in diesem Fall ganz praktisch.

Pferde-Lotto: Gewinn oder Niete?

Björgvin ist froh, dass ich wieder da bin, und wir machen einfach weiter, wie wir im Sommer aufgehört haben.

Meine Befürchtungen, dass sich letztendlich vielleicht doch nicht so viele Pferdebesitzer für die Chiropraktik interessieren, erweisen sich als unbegründet. Es kommen sogar immer mehr neue Kunden dazu, und viele von denen, deren Pferde ich schon mal behandelt habe, machen neue Termine mit mir aus. Natürlich erledige ich auch alles andere, was eine Tierärztin so macht, bis hin zu Operationen. Die größeren in Vollnarkose immer in Teamarbeit mit Björgvin.

Das Schöne in Island ist auch, dass ich hier viel weniger Bereitschaftsdienste habe als in den Kliniken, in denen ich in Deutschland gearbeitet hatte. Dort war es so, dass ich fast immer im Dienst war und nicht einmal mehr dazu kam, meine eigenen Pferde zu reiten. Selbst das Einkaufen von Lebensmitteln gestaltete sich oft sehr schwierig, da sich Dienst- und Öffnungszeiten überschneiden. Das ging sogar so weit, dass ich einige meiner Pferde schweren Herzens verkaufen musste, weil ich mich aus Zeitnot überhaupt nicht mehr um sie kümmern konnte. Irgendwann hatte ich zusammen mit meinem Ex-Freund nur noch einige wenige Zuchtpferde in Deutschland und ein paar junge Pferde in Island. Nach unserer Trennung, denn er wollte auf keinen Fall zurück nach Island ziehen, beschlossen wir, dass er die Pferde nimmt, die in Deutschland stehen, und ich die, die in Island sind.

Das setzt mir doch ziemlich zu. Im Herzen sind es noch immer meine Pferde, viele davon habe ich von Geburt an aufwachsen sehen, einige auch selbst eingeritten, und jetzt wohne ich nicht mehr auf diesem Hof, bin weit weg, und die neue Partnerin meines Ex-Freundes kümmert sich nun um sie. Da es in Island ein Einfuhrverbot für Großtiere gibt, blieb mir nichts anderes übrig, als meine geliebten Pferde und sogar meine kleine Hündin Týra in Deutschland zurückzulassen.

Abgesehen von meinem Abschiedsschmerz ist das auch sonst nicht gerade ein toller Deal für mich, denn die Pferde in Deutschland waren eingeritten und gut ausgebildet, die in Island dagegen sind noch jung und sehr verwildert. Sinnvoll war die Abmachung aber trotzdem. Islandpferde, die einmal die Insel verlassen haben, dürfen nie mehr zurück in ihr Geburtsland. Die Angst vor Krankheiten und Infektionen, die auf die Insel eingeschleppt werden könnten, ist berechtigterweise sehr groß.

Mir wird bald klar, dass ich mir ein Leben als Tierärztin in Deutschland nicht mehr vorstellen kann. Was nicht bedeutet, dass ich hier in Island nicht auch hart arbeite. Ich reise durch das ganze Land, bei Wind und Wetter, Eis und Schnee, maloche an manchen Tagen bis zu zwölf Stunden und mehr – und auch oft an Wochenenden. Und doch fühlt sich mein Leben hier entspannter an und vor allem erfüllter. Vielleicht auch deshalb, weil ich mich hier in meiner Arbeit fast ganz auf meine Herzensangelegenheit, das Islandpferd, konzentrieren kann. Jetzt fehlt eigentlich nur noch eins: wieder auf einem eigenen Pferd reiten zu können. Ich verdiene genug Geld und habe endlich auch wieder Zeit für ein eigenes Pferd. Die wilden Pferde, die ich hier im Land besitze, sind jedoch weit weg im Norden untergebracht.

Ich rufe Þorri an, ob er mir in der Sache helfen könne.

»Ja klar«, sagt er sofort zu. »Wo stehen deine Pferde denn?«

Ich erkläre ihm, dass sie auf einer Weide ganz in seiner Nähe stehen und ich sie gern hier bei mir im Südwesten hätte.

»Kein Problem«, meint er, »wir müssen nur herausfinden, wo sie sich gerade aufhalten und wie wir sie von der Weide kriegen.«

Weiden in Island bedeutet Quadratkilometer große Weide-flächen – vom Flachland an der Küste bis hinauf ins Hochland der recht beschwerlich zu erreichenden Bergkämme.

Einige Wochen später mache ich mich in den Norden auf, und wir treiben die Pferde von den riesigen Weiden im Hörgárdalur bis zum Hof meines ehemaligen Schwagers in spe. Nachdem ich zwei Pferde in der großen Herde dank Mikrochipmarkierung ausfindig machen konnte, machen sie sich in einem Transporter auf den langen Weg nach Reykjavík, wobei die beiden mächtigen Bergpässe Öxnadalsheiði und Holtavörðuheiði überquert werden müssen.

In der Hauptstadt angekommen, darf ich sie in einem Stall bei Snorri, einem isländischen Freund, den ich noch von Deutschland her kenne, unterstellen.

»Die ist aber sehr temperamentvoll«, stellt Snorri fest, als wir meine Isabellstute endlich in der Box haben. Der braune Wallach dagegen ist von sich aus recht gemütlich und macht keine Probleme.

»Findest du sie nicht schön?«, frage ich Snorri. »Sie hat so eine schöne Isabellfarbe, Mähne und Schweif sind wunderbar lang und schneeweiß. Ljóska ist ein richtiges Barbie-Pferd!«

»Ja, das schon«, antwortet Snorri, »aber ich bin gespannt, ob wir sie so weit bekommen, dass sie geritten werden kann.«

Ich versuche, Ljóska ein Halfter anzulegen, aber sie wehrt sich heftig, versucht zu beißen, tritt um sich, reißt ihren Kopf in die Höhe.

»Das klappt so nicht«, sieht Snorri ein.

Guter Rat ist teuer.

»Weißt du was«, kommt mir eine Idee, »dann machen wir es jetzt wie in den Western. Ich bereite ein Lasso vor und setze mich auf die Seitenwand der Box. Dann werfe ich ihr die Schlinge um den Hals.«

»Das könnte klappen«, meint Snorri.

Ich merke, als ich auf der Boxenwand sitze, dass das gar nicht so ungefährlich ist. Die Stute ist angespannt, bewegt sich bereits recht nervös und beginnt wieder zu treten. Dass die Situation brenzlig ist, merke ich daran, dass die anderen um mich herum plötzlich ziemlich still werden. An Aufgeben denke ich aber nicht.

Es kostet mich dann ein paar Versuche und einige Balanceakte, bis ich die Schlinge endlich um ihren Hals legen kann. Ich ziehe zu, soweit das nötig ist, und halte das Lasso fest in der Hand. Jetzt gelingt es uns, das Halfter anzulegen und damit auch das Pferd unter Kontrolle zu bekommen.

»Da werden wir schon einige Zeit brauchen, bis wir zum ersten Mal einen Sattel auf sie legen können, geschweige denn reiten«, vermutet Snorri.

Damit behält er recht. Aber immerhin, nach ein paar Wochen ist die Stute soweit an Snorri und mich gewöhnt, dass wir glauben, es wagen zu können, auch wenn das Pferd bei fremden Menschen, die ihm zu nahe kommen, sofort aggressiv wird.

Es ist ein nasskalter Tag, als Snorri und ich uns dafür entscheiden, die Stute zum ersten Mal anzureiten. Wir gehen sehr behutsam und geduldig vor. Ich lege ihr in der Box das Halfter an und sattle sie ohne große Probleme. Auch ein Gebiss mit Trense kann ich mit ein paar eingeübten Tricks ohne Gefahr anlegen. Der erste Schritt wäre geschafft. Wir führen Ljóska an der Longe, einer etwa acht Meter langen runden, tauartigen und sehr stabilen Leine, hinaus auf eine großzügige, runde Einzäunung, das sogenannte Round-Pen. Ich stelle mich in die Mitte und lasse das Pferd erst mal einige Runden an der Longe frei laufen: Das kennt sie bereits, dementsprechend gelassen gibt sie sich. So weit, so gut. Aber der wirklich spannende Moment kommt erst noch.

Ich hole Ljóska zu mir und halte sie fest, sodass sie stillsteht und Snorri sich ihr langsam nähern kann.

Er gibt ihr ein paar Leckerlis und streichelt sie. Die Stute steht noch immer ruhig. Jetzt wagt er es, setzt seinen linken Fuß in den Steigbügel und schwingt sich vorsichtig über ihren Rücken.

Sogleich ist es vorbei mit der Ruhe, die Stute beginnt sofort, sich aufzubäumen, und nur zehn Sekunden später fliegt Snorri im hohen Bogen aus dem Sattel.

Kaum hat sie Snorri abgeworfen, steigt sie, jetzt ohne das Gewicht des Reiters, kerzengerade in die Luft und wirft auch mich damit um. Die Longe halte ich mit beiden Händen in extra rutschfesten Handschuhen mit aller Kraft fest, ich kann und will sie nicht gleich loslassen.

Ljóska verhält sich ganz und gar nicht wie ein Barbie-Pferdchen, sondern rennt jetzt kopflos im Kreis durch das Round-Pen, mit mir bäuchlings an der Longe hinterher. Und als ob das nicht genug wäre, zieht sie mich auch noch durch eine Riesenpfütze, natürlich die einzige weit und breit.

Nach zwei Runden und völlig durchnässt lasse ich dann doch entmutigt die Longe los. Ljóska hat gewonnen. Das war jetzt auch mir zu viel. Ich muss einsehen, dass wir dieses Pferd nie werden reiten können, geschweige denn guten Gewissens verkaufen.

»Ich glaube«, meint Snorri, sich ganz außer Atem seine Kleider abklopfend, »du musst dir sogar überlegen, ob diese Stute nicht einfach auch viel zu gefährlich ist.«

Damit könnte er durchaus recht haben.

»Du meinst, selbst wenn wir sie nur auf der Weide grasen lassen und jemand nähert sich ihr, dass sie dann so aggressiv werden könnte, dass sie eventuell Menschen verletzt?«, frage ich.

»Ja, das kann ich mir gut vorstellen«, sagt Snorri besorgt.

Das Gespräch läuft auf eine Entscheidung hinaus, von der ich hoffte, sie nie treffen zu müssen.

»Du meinst, ich soll mir überlegen, ob ich die Stute schlachten lasse?«, stelle ich mich zögerlich den Tatsachen.

»Ich glaube schon. Um ehrlich zu sein, führt da fast kein Weg dran vorbei.«

Ich denke wieder an den Unterschied zu Deutschland, wie dort mit Tieren umgegangen wird und dass man Pferde da ja fast schon wie Haustiere behandelt. Wie anders dies doch die Isländer handhaben. Für Snorri ist die Vorstellung des Pferdeschlachthofs kein betrüblicher Gedanke, sondern einfach eine Notwendigkeit. So ist der Lauf der Dinge.

Mir fällt das schon etwas schwerer. Ich habe aber auch große Bedenken dahingehend, dass durch das Verhalten der Stute Menschen in Gefahr kommen könnten. Den Umgang der Isländer mit Pferden empfinde ich oft durchaus als natürlicher als das auf »Vermenschlichung« angelegte Verhältnis vieler Deutscher zu ihren Vierbeinern. Trotzdem muss ich kräftig schlucken.

Diese Situation ist eine harte Schule. Zum ersten Mal in meinem Leben müsste ich ein Pferd zum Schlachthof bringen. Ich habe ein schlechtes Gewissen, vielleicht habe ich doch nicht alles richtig gemacht.

Aber auch Björgvin unterstützt wenig später meine Entscheidung – und damit gibt es leider kein Zurück mehr.

Das zweite Pferd ist ein brauner Wallach, den verheißungsvollen Namen Hósias Bakkur hat ihm noch mein Ex-Freund Hólmgeir gegeben. Was auch immer der großspurige Name bedeuten sollte, der Braune gab sich gänzlich unspektakulär und war eher von der sehr ruhigen Sorte. Ich hänge nicht wirklich an ihm und will ihn als Freizeitpferd an eine Freundin verkaufen, sobald er eingeritten ist.

Ich habe also noch immer kein eigenes Pferd, mit dem ich in Island endlich auf eine Reittour gehen oder auch nur im Elliðaárdalur spazieren reiten könnte, einem der Naherholungsgebiete Reykjavíks mit seinen vielen Wander- und Radwegen und sogar einem Reitpfad, der direkt aus dem Stalldorf Fákur im Víðidalur bis über den Staudamm des Flusses Elliðará führt.

Ein paar Wochen später ruft mich Kristján, der Bruder Hólmgeirs, an. Er habe fünf Hengste im Norden stehen, und die müssten kastriert werden, ob ich diesen Job nicht übernehmen könne.

Ja, auch das gehört zur Arbeit einer Tierärztin, also sage ich zu, leihe mir die dicken Kastrationszangen von Björgvin und begebe mich auf den fünfstündigen Weg über die Insel. In Hvanneyri mache ich kurz halt, um meine deutsche Freundin Karola zu besuchen. An der örtlichen Hochschule für Agrarwissenschaften gibt es auch einen Studiengang für Pferdewissenschaften.

Karola liebt Island und besitzt selbst einige Pferde. Sie ist immer sehr herzlich und gastfreundlich, sodass bei meinem Besuch schon ein gedeckter Tisch mit isländischen Leckereien auf mich wartet. Selbstredend findet sich im Kühlschrank auch immer ein alkoholisches Kaltgetränk meiner Wahl.

Endlich in Akureyri angekommen, helfen Kristján, Þorri und auch noch zwei benachbarte Bauern, die vollkommen wilden und ungezähmten Pferde einzufangen, die bis zu diesem Tag Menschen meist nur aus der Ferne sahen. Das hat schon etwas von Wildem Westen, und den Männern steht der Schweiß auf der Stirn, während ich meine Kastrationszangen in der größten Kuchenform Lineys, Kristjáns Frau, abflamme. Meinen feuerfesten Untersatz für die Zangen habe ich leider in Reykjavík vergessen.

Ein Hengst nach dem anderen wird von mir narkotisiert. Da die Tiere alle sehr aufgeregt sind, brauche ich viel mehr Narkotikum und Beruhigungsmittel, als ich vorher berechnet habe. So langsam wird das Mitgebrachte knapp, und ich hoffe auf die Wikingerkräfte meiner Männer, die schon die Overalls und mittlerweile auch noch ihre Islandpullover abgelegt haben. Die Mützen sitzen schief auf den Köpfen, und die Schnupftabakdose macht nach jedem Zangenschlag die Runde.

Dummerweise hatte ich beschlossen, dass wir den wildesten Hengst, einen kleinen schwarzen, als letzten drannehmen. Aus derselben Blutlinie hatte ich mit Hólmgeir zusammen in Deutschland auch ein Zuchtpferd, das uns gut gefiel.

Bevor ich zur letzten Operation ansetzen kann, muss ich bei dem Wildpferd gleich zweimal die Dosis der Narkose erhöhen. Jetzt sind wirklich alle Narkosevorräte aufgebraucht.

Als ich endlich anfangen kann, stelle ich fest, dass es sich um einen Klopphengst handelt. Das heißt, dass nur ein Hoden in den Hodensack abgestiegen ist. Das erfordert eine größere Operation, die ich nicht vor Ort durchführen kann, da man die Bauchhöhle öffnen muss. Kristján sitzt mit hochrotem Kopf auf dem Pferdehals, weil es mit der Narkose jetzt doch ziemlich eng wird und Túmi, der Hengst, sich mit aller Kraft dagegen wehrt, am Boden gehalten zu werden.

Ich erkläre Kristján die Situation.

»Das ist ja ein schöner Mist«, ärgert er sich. »Das bedeutet ja wohl auch, dass die Operation recht teuer wird.«

»Leider ja«, bestätige ich, »und dann kommt auch noch der Transport in die Klinik obendrauf.«

»Also ich weiß nicht«, sagt er. »Das ist mir alles zu kostspielig und bedeutet zu viel Aufwand.«

»Ja, das verstehe ich, und es tut mir auch leid, aber ich kann es leider nicht ändern.«

Wir schauen uns ratlos an.

»Susi, lass es uns so machen«, ringt er sich dann nach kurzem Nachdenken zu einer Entscheidung durch, »schläfere ihn einfach ein … oder, andere Möglichkeit: Nimm ihn mit und operiere ihn bei dir vor Ort, wenn du willst, und dann ist es deiner!«

»Meinst du das im Ernst?«, hake ich überrascht nach. Damit habe ich nicht gerechnet.

»Ja klar. Wie gesagt, es wird mir einfach zu teuer und zu aufwendig. Du bezahlst dann aber ab jetzt alles, also auch den Transport und die Operation, und wenn es schiefgeht, ist es dein Bier.«

»Abgemacht! Ich organisiere den Transport in den Süden und nehme das Pferd mit.«

Gesagt, getan. Die Operation ein paar Wochen später verläuft reibungslos. Túmi lässt sich gut einreiten, hat einen sportlichen Charakter, und ich habe endlich mein erstes eigenes Reitpferd in Island praktisch geschenkt bekommen.

Deutsche Beharrlichkeit und isländische Improvisationskunst

»Guten Morgen, Müppi, wie geht es dir denn?«

Ich brauche ein paar Momente, um mir klarzumachen, dass es meine Mutter ist, die mich um sechs Uhr morgens anruft und aus dem Schlaf reißt.

»Schläfst du etwa noch?«, fragt sie gleich hinterher, als ich mich erst mal gähnend aus den Kissen aufrichte.

»Hallo, Mama«, nuschle ich schließlich, »ja, ja, mir geht es gut. Du hast wohl nur wieder mal nicht dran gedacht, dass wir im Sommer zwei Stunden Zeitunterschied haben.«

»Oh, entschuldige«, flötet sie mit Engelsstimme, »soll ich später noch einmal anrufen?«

»Nein, danke. Jetzt bin ich ja wach.«

»Also, hör mal, im Sommer wollen dein Vater und ich mal wieder an den Timmendorfer Strand in Urlaub fahren. Während des Urlaubs feiert dein Vater seinen 60. Geburtstag, und ich möchte einige Gäste einladen und ihn mit einer großen Geburtstagsfeier überraschen«, erzählt sie. »Das Größte für deinen Papa wäre natürlich, wenn du auch dazukommen könntest. Meinst du, das könnte klappen?«

Obwohl es nicht um unseren üblichen Sommerurlaub geht, schweifen meine Gedanken dahin ab. Für mich war ein Urlaub am Meer schon immer das Größte. Und insgeheim hoffte ich auch als Kind schon immer auf ein eigenes Haus am Meer. Meine Lieblingsinsel Juist war seit jeher mein Herzensort, mit dem ich viele Kindheitserinnerungen verbinde. Dort hat mich auch mein Opa Robert das erste Mal mit vier Jahren auf ein kleines schwarzes Shetlandpony namens Beauty gesetzt. Das hat einen so unmittelbaren und tief greifenden Eindruck auf mich gemacht, dass ich als kleines Mädchen fortan nur noch an Pferde denken konnte und selbst reiten lernen wollte. Ich war regelrecht vernarrt in Pferde, vor allem kleine schwarze Ponys mit üppiger Mähne, und gab keine Ruhe, bis ich meine Eltern endlich überreden konnte, mir zu meinem zwölften Geburtstag ein eigenes Pferd zu schenken.

Da meine Lieblingspferde Shetlandponys waren, mir aber klar wurde, dass ein solches mit nur etwa einem Meter Stockmaß für mich schon bald zu klein sein würde, suchte ich in meinem Pferde- und Ponybildband nach einem Foto mit einem ähnlich aussehenden Pony – nur größer. Nach einigen Abwägungen zwischen Haflingern und Norwegern fiel meine Wahl auf ein Islandpferd. Das hatte auf den Fotos die längste Mähne, und genau darauf kam es mir mit meinen elf Jahren an.

Seither wuchs nicht nur meine Liebe zu Pferden, sondern ich entwickelte auch eine Faszination für das Land, aus dem diese Pferde stammen. Weder mein Opa noch meine Eltern noch ich konnten damals wohl erahnen, welch folgenreiche Tat mein Großvater begangen hatte, als er mich zum ersten Mal auf ein Pony setzte.

Dieser Moment sollte Jahre später schließlich auch dazu führen, dass ich nicht nur Tierärztin und Fachärztin für Pferde wurde, sondern sogar noch nach Island auswanderte.

»Hallo, bist du noch da?«, bringt mich meine Mutter wieder ins Hier und Jetzt.

»Äh, ja, entschuldige, ich bin noch da, klar«, antworte ich. »Zu der Zeit bin ich hier leider voll eingebunden, das ist doch nur ein paar Tage vor dem Landsmót, dem berühmten Pferde-Festival, da kann ich wahrscheinlich nicht mit euch wie üblich in den Urlaub fahren. Sorry.«

Ich ließ meine Mama im Ungewissen, überlegte aber insgeheim, ob es nicht vielleicht doch eine Möglichkeit gäbe, für ein paar Tage an den Timmendorfer Strand zu fahren.

Ich würde es ja auch sehr schade finden, wenn ich nicht dabei sein könnte, wenn mein Vater seinen runden Geburtstag feiert, noch dazu als Überraschungsparty. Irgendwie musste ich das doch hinbekommen, eventuell könnte ich mit Björgvin meine Dienste tauschen. Wenn das ginge, müsste ich mich sofort nach günstigen Flügen umschauen. Denn die Sommerflüge sind immer schnell ausgebucht und selten günstig.

Ich habe Glück, Björgvin springt für mich ein, und ich kann nach dieser guten Nachricht sogar noch einen Direktflug nach Hamburg ergattern.

Mama freut sich sehr und bereitet alles vor, da ist sie in ihrem Element – und Papa, der ist ahnungslos und ganz in seine Akupunkturliteratur vertieft.

Ende Juni mache ich mich dann frühmorgens zum internationalen Flughafen nach Keflavík auf. Die Flüge auf den europäischen Kontinent heben praktisch alle zwischen sechs und acht Uhr morgens ab. Die Fahrzeit zum Flughafen beträgt von meiner Wohnung aus ungefähr eine Dreiviertelstunde. Auch viele berufstätige Pendler und Seemänner nutzen diese Straße, um zu ihren Arbeitsplätzen zu gelangen. Im Juni wird es so nah am Polarkreis nicht mehr dunkel, morgens um vier Uhr ist es schon taghell. So früh muss ich los, um zwei Stunden vor Abflug am Flughafen zu sein.

Die aufgehende Sonne verleiht den Lavafeldern, an denen ich vorbeifahre, eine mystische Stimmung. Am Check-in stehen lange Schlangen. Ich reihe mich geduldig gähnend ein. Als ich irgendwann auf die Uhr schaue, merke ich, dass die Zeit langsam knapp wird. Der Check-in verzögert sich ziemlich, die Reihen werden kaum kürzer.

»Wer muss noch auf den Flug nach Hamburg?«, höre ich plötzlich eine Icelandair-Mitarbeiterin rufen. Ich melde mich. Vielleicht lassen sie mich ja schneller einchecken, sodass ich mein Flugzeug noch erreiche. Doch es kommt anders.

»Tut mir leid«, sagt sie, als sie sich zwischen all den Leuten und Koffern zu mir durchgearbeitet hat, »aber dein Flug wurde annulliert.«

»Wurde annulliert?«, frage ich entsetzt. »Aber ich muss dringend heute noch nach Hamburg. Morgen hat mein Vater seinen 60. Geburtstag – und dass ich komme, ist sein Geburtstagsgeschenk!«

»Es tut mir wirklich sehr leid, aber heute geht kein Flug mehr nach Hamburg.«

Um jetzt einfach tatenlos dazustehen, habe ich keine Zeit. Ich muss irgendwie versuchen, von der Insel zu kommen, und dann möglichst schnell nach Hamburg fliegen oder einfach irgendwohin, von wo ich dann letztendlich zum Timmendorfer Strand komme.

Auf einer Insel wohnen ist doch nicht so ohne. Wäre ich irgendwo auf dem Festland in Europa, könnte ich im Notfall immer noch das Auto nehmen oder mit dem Zug fahren. Von Island wegzukommen, ist dagegen schon etwas schwieriger, und die Zeit arbeitet in diesem Moment gegen mich. Der internationale Flughafen in Keflavík ist, sieht man mal von der Fähre ab, die am anderen Ende der Insel in Seyðisfjörður ablegt und mehrere Tage braucht, praktisch das einzige Nadelöhr, das fast der gesamte internationale Personenverkehr passieren muss.

Mein Gehirn läuft auch Hochtouren. Ich stehe kurz davor zu explodieren, möchte der Mitarbeiterin der Fluglinie lautstark deutlich machen, dass ich jetzt und sofort nach Hamburg müsse! In den Monaten, die ich hier bin, habe ich aber gelernt, dass man sich in Island vollkommen anders zofft als in Deutschland. Oder besser, sich einfach nicht streitet. Legt man auf die deutsche Art und Weise los, baut Druck auf und wird laut, merkt man ziemlich schnell, dass das isländische Gegenüber gedanklich einfach nicht mehr da ist, als ob es seinen Körper verlassen hätte und nur noch physisch anwesend wäre, alles andere aber irgendwo über ihm schwebte. Es ist dann, als ob man gegen eine Wand spräche.

Das führt letztlich zu rein gar nichts. Isländer können mit solch einer Aggression überhaupt nicht umgehen. Irgendwann drehen sie sich dann einfach um und gehen weg.

Was sie aber schon sehr gern machen, denn das scheint ein über Generationen vermittelter Wert in den Familien zu sein, ist helfen. Also schlucke ich meine Wut und Aufregung hinunter und versuche, die gerade geschilderte Unmöglichkeit vielleicht doch noch in eine Möglichkeit zu verwandeln.

»Weißt du, es wäre mir wirklich sehr wichtig, wenn ich heute noch fliegen könnte. Es ist ein sehr wichtiges Familienfest, und ich wäre die Einzige, die nicht dabei sein könnte, dabei bin ich doch die einzige Tochter des Jubilars«, versuche ich zu erklären und schaue der Mitarbeiterin dabei fest in die Augen.

Familie ist auch etwas sehr Essenzielles in Island. Der Zusammenhalt innerhalb einer Familie und die großen Familientreffen an besonderen Tagen werden von allen Generationen geschätzt und geachtet. Der Rückhalt und die Möglichkeit, sich immer auf die Familie verlassen zu können, ist tief in der isländischen Gesellschaft verankert.

»Ich habe wenig Hoffnung, aber ich schaue mal, was sich machen lässt«, sagt sie daraufhin. »Vielleicht können wir dich ja doch noch umbuchen auf einen Flug, der noch nicht gestartet ist und auf dem noch Plätze frei sind ...«

»Danke«, sage ich nervös und innerlich äußerst ungeduldig, »ich bin sehr froh, dass du mir helfen möchtest.«

Jetzt kann ich nichts anderes mehr tun, als auf das Improvisationstalent der Isländer zu vertrauen.

Ich stehe in der Zwischenzeit vor einem Schalter, sehe Menschenströme an mir vorbei zu ihren Flugzeugen eilen. Die letzten Maschinen der Morgenflüge heben nun bald ab.

Während die Dame vom Icelandair-Bodenpersonal telefoniert, werde ich auf einmal ganz traurig. Was, wenn es nicht klappt? Minuten fühlen sich für mich gerade an wie Stunden. Die Miene der Mitarbeiterin, der ich jetzt voll und ganz ausgeliefert bin, zeigt Sorgenfalten. Sie legt den Hörer auf. Mir stehen vor Verzweiflung die Tränen in den Augen.

»Noch einen Moment bitte, ich versuche noch etwas anderes«, sagt sie schnell und wählt schon die nächste Nummer.

Ich versuche mitzuhören, was sie sagt. In der lärmigen Flughafenhalle fange ich aber nur einzelne Fetzen auf, die mir den Sinn des Gesagten nicht erschließen.

Mein Flug war sowieso schon einer der letzten, der an diesem Morgen abheben sollte. Je mehr Flugzeuge jetzt die Insel verlassen, desto geringer meine Chance, doch noch einen passenden Flug zu erwischen, in den sie mich noch reinquetschen könnten.

Um acht Uhr schließen im Flughafen alle Läden, der letzte Flug ist dann weg. Erst gegen Mittag kommt hier wieder allmählich Leben in die Bude. Die dann startenden Flugzeuge heben aber alle Richtung Westen, nach Kanada und in die USA, ab. Es passiert also heute Morgen oder gar nicht.

»Ja, okay«, höre ich sie da am Telefon sagen. »Würde das denn noch gehen?«

Ich bin sofort wie elektrisiert und spitze meine Ohren noch mehr.

»Oh, die Türen sind schon zu«, höre ich sie enttäuscht sagen.

»Was meinst du?«, fragt sie bei ihrem Gesprächspartner nach. Er hat noch nicht aufgelegt.

»Einen Koffer?«, fragt sie nach, und an mich gewandt: »Hast du einen Koffer bei dir?«

»Ja, einen«, schöpfe ich neue Hoffnung.

»Ja ...«, wiederholt sie in den Telefonhörer sprechend. »Ja, sie ist Deutsche, spricht aber Isländisch.«

Meine Nerven zerreißen fast.

»Was?«, fragt sie wieder in den Hörer. »Ja, das würde schon gehen.«

Und zu mir: »Kannst du mit deinem Koffer und der Tasche rennen?«

Ja natürlich, ich würde wie um mein Leben laufen, wenn ich nur noch ein Flugzeug bekäme. »Ja, klar geht das«, sage ich so ruhig wie möglich und lege meine Hand um den Koffergriff – startbereit.

»Prima«, sagt die Icelandair-Mitarbeiterin wieder ins Telefon, »Gate D 34? So schnell wie möglich. Danke, Kollege. Wir sind schon unterwegs.« Sie fängt schon an, um die Theke herumzugehen, während sie den Hörer noch auflegt.

»Also, es klappt, wenn wir schnell sind. Gib mir deine Tasche, du nimmst den Koffer. Ich erkläre es dir, während wir rennen«, sagt sie zu mir, und wir nehmen die Beine in die Hand.

»Wir werden dich jetzt so schnell wie möglich durch den Security-Check bringen, dann spurten wir weiter zum Gate D 34, das ist ziemlich weit hinten, aber das wird schon klappen. Du siehst ja einigermaßen sportlich aus.«

»Das wird schon«, erwidere ich dankbar und habe schon jetzt einen ganz roten Kopf. »Hauptsache, ich bekomme das Flugzeug noch.«

Beim Security-Check wundern sich die Mitarbeiter erst mal, dass da jemand mit einem Koffer bei ihnen ankommt.

Die Icelandair-Uniform meiner vermeintlichen Glücksfee hilft natürlich; sie erklärt ihren Kollegen das Wie und Warum. Die verstehen ihr beziehungsweise mein eiliges Anliegen, werfen nur einen oberflächlichen Blick auf meine Sachen und wünschen mir lächelnd einen guten Flug.

Dann rennen wir durch die Gänge bis zum Gate.

»Du wirst es kaum glauben«, erklärt sie mir unterwegs, »aber wir haben es geschafft, dass eine British-Airways-Maschine, die die Türen schon geschlossen hatte, aber noch am Gate stand, auf uns wartet! Dein Koffer muss mit in die Kabine, die Frachträume sind bereits geschlossen. Du fliegst jetzt nach London, und von dort hast du noch einen Anschluss nach Hamburg. Du bist dann zwar erst abends dort, aber immerhin.«

Ich könnte sie umarmen und küssen vor Freude und Dankbarkeit – aber wir müssen ja rennen.

»Das ist fantastisch«, sage ich ihr, und mir fällt ein Stein vom Herzen. »Ich bin dir so unendlich dankbar, dass du das hingekriegt hat. Du glaubst gar nicht, wie wichtig diese Reise für mich ist!«

Ich kann das Szenario nur erahnen, würde sich dieselbe Ausgangssituation in Deutschland ergeben ...

»Keine Ursache«, meint sie nur. »Wenn wir am Gate angekommen sind, müssen wir die Treppe runter. Der Passagierschlauch ist schon zurückgefahren. Sie stellen uns eine Treppe hin, so kommst du dann ins Flugzeug.«

»Vielen herzlichen Dank«, kann ich in meiner überschäumenden Freude, dass es doch noch klappt, nur wiederholen.

»Gern«, meint sie und fügt mit einem Lächeln hinzu, »þetta reddast!«

»Ja, definitiv. In Deutschland wäre mir das, glaube ich, wirklich nicht geglückt!«, lobe ich die isländische Art der Improvisation, doch noch Dinge möglich zu machen, die im ersten Augenblick so überhaupt gar nicht mehr möglich erscheinen. Ein Wesenszug, der mir nicht nur jetzt sehr entgegenkommt. Isländer denken in meist einfachen Lösungen, weniger in komplizierten Problemen. Eine Eigenart, die ich sehr schätze und versuche, auch in mein eigenes Leben zu übernehmen.

Aufgeben ist nicht so mein Ding, lösungsorientierte Strategien zu entwickeln liegt mir mehr. So erreiche ich auch Ziele, die andere schon lange aufgegeben haben, einfach, weil sie es nicht versuchen. Manchmal muss man sich auch trauen, vom bequemen Trampelpfad des Lebens abzuweichen und sich einfach einen neuen Weg suchen, selbst wenn der vielleicht auf den ersten Blick recht holprig erscheint.

»Þetta reddast« bezeichnet genau diese Lebensart der Isländer: »Das wird schon!« Auch wenn die Ausgangslage hoffnungslos erscheint, jetzt atmen wir erst mal tief durch und schauen, was wir machen können, wen wir anrufen, wer einen Tipp hat, wer einen kennt, der einen kennt, der weiß, wie das geht, der helfen kann. Und tatsächlich findet sich in den allermeisten Fällen eine Lösung.

Unten an der Treppe verabschiede ich mich von der Icelandair-Dame mit einer Umarmung.

Sie ist sichtlich gerührt von meiner Dankbarkeit und ich von ihrem Einsatz, es doch noch möglich gemacht zu haben.

Viel Zeit bleibt nicht, die Stewardess steht oben in der Tür und mahnt zur Eile. Ich schleppe, so schnell es geht, Koffer und Tasche die Treppe hinauf und komme endlich, schwer schnaufend, aber glücklich oben an.

»Welcome on board«, lächelt mir die Flugbegleiterin von British Airways zu.

Wieder bedanke ich mich.

Ich habe es geschafft. Papa, ich komme!

»Bitte lass deinen Koffer einfach hier stehen, wir kümmern uns um ihn«, gibt sie mir Anweisungen, während sie die Tür schließt.

»Leider ist unser Flug ziemlich ausgebucht, und ich habe nur noch einen Platz in der Businessclass für dich. Ich hoffe, das macht dir nichts aus«, lächelt sie beinahe schelmisch.

»Oh, wow, danke«, ist das Einzige, was ich im Moment, völlig außer Atem und heilfroh, noch herausbringe.

»Bitte setz dich gleich hierher. Wir möchten keine Zeit mehr verlieren und so schnell wie möglich abheben.«

Vollkommen verschwitzt lasse ich mich auf dem komfortablen Sitz nieder: Jetzt erst mal ausatmen und mich wieder sammeln!

Ich habe es geschafft und kann morgen mit meinem Vater seinen 60. Geburtstag feiern!

»Entschuldigung, Madam, möchten Sie ein Glas Champagner?«

Überflieger mit Stahlkraft

»Habt ihr schön gefeiert?«, fragt Björgvin, als ich nach dem groß-
artigen Wochenende wieder zurückkomme.

In Deutschland ist derweil schon Hochsommer, während ich
mir zurück in Island als Erstes meine Mütze wieder weit über die
Ohren ziehe.

»Es war einfach grandios«, antworte ich. »Wir haben gefeiert
bis in die Puppen, und ich bin sehr froh, dass wir diesen Geburtstag alle zusammen erleben konnten. Sogar meine älteste und beste
Freundin Berit ist extra aus Augsburg zum Geburtstag von Papa
angereist ...«

»Ich habe eine etwas verzwickte Sache«, kommt Björgvin gleich
auf den Punkt. »Da ist ein Freund von mir, der hat einen talentier-
ten jungen Hengst im Stall stehen, der dieses Jahr auf einer Zuchtprüfung starten soll. Der Hengst wurde aber vor noch nicht so langer
Zeit operiert, und er läuft nicht gut.«

»Und du meinst, ich soll mal nach ihm schauen?«, frage ich.

»Ja, gern. Die Sache ist nur die, dass schon etliche andere Tierärzte das Pferd untersucht haben, bisher aber niemand eine Lösung
fand, um das Pferd wieder fit zu bekommen.«

»Und jetzt soll ich es auch noch versuchen, nachdem die anderen alle schon aufgegeben haben? Das klingt ja nicht gerade vielversprechend«, bemerke ich zweifelnd.

»Die Züchter und Besitzer sind Freunde von mir, deshalb wäre
ich dir sehr dankbar, wenn du dir das Pferd wenigstens mal anschauen könntest«, bittet Björgvin.

»Na gut. Wo steht der Hengst denn?«, frage ich motiviert. Mein
Ehrgeiz ist geweckt.

»Nicht weit von hier in Ölfus, kurz vor Selfoss«, erklärt er. »Lass uns heute Mittag mal zusammen hinfahren.«

Helgi und Helga, das Besitzer- und Züchterehepaar, begrüßen uns freundlich. Es ist ihnen deutlich anzumerken, dass sie froh sind, dass Björgvin doch noch eine Tierärztin aufgetrieben hat, um ihren Hengst noch einmal zu untersuchen. Es sieht ganz danach aus, als wäre ich ihre letzte Hoffnung.

»Du bist also die Knochenknackerin?«, fragt Helga nach der ersten Begrüßung. Eigentlich betreibt das Ehepaar auf seinem Hof in der Nähe von Hveragerði eine Gärtnerei. Der Ort ist bekannt für seine zahlreichen Gewächshäuser, die mit Erdwärme beheizt werden. Hier werden Gemüse und alle möglichen Früchte, unter anderem Bananen, unter Glas angebaut. Die Früchte und das Gemüse, welche so im warmen Dampf und in den Wintermonaten vor allem unter künstlichem Licht kultiviert werden, schmecken leider eher neutral, auch wenn sie durchaus ansprechend aussehen. Aber das bemerke ich natürlich bei meinem ersten Besuch nicht gleich zur Begrüßung.

»Vielleicht kannst du uns ja helfen mit unserem Stáli?!«, hofft Helga.

»Sollen wir gleich mal in den Stall gehen und uns das Pferd anschauen?«, schlage ich vor.

»Ja, gern«, sagt Helga, und ihr Mann nickt zustimmend, »kommt mit.«

Warum haben sie das Pferd bloß Stáli, auf Deutsch »Stahl« genannt, frage ich mich auf dem Weg zu seinem Stall.

Der Hengst sieht wirklich nicht gesund aus, kann sich kaum richtig bewegen.

»Wir sind felsenfest davon überzeugt«, meint Helgi, »dass Stáli ein ganz besonderes Pferd ist und beim Landsmót weit kommen kann. Allerdings«, fügt er etwas kleinlaut hinzu, »ist er auch noch nicht für das große Landsmót qualifiziert.«

Häufig sind die Züchter von der Qualität ihrer Pferde überzeugt, noch bevor die Tiere überhaupt irgendeine Art von Leistung auf die Bahn gebracht haben. Auf mich macht das Pferd überhaupt keinen besonderen Eindruck, und Gardemaß hat es auch nicht gerade. Es scheint mir, abgesehen von seinen gesundheitlichen Problemen, auch ein paar Zentimeter zu klein zu sein, um wirklich Chancen zu haben. Ich mag ja schon knifflige Aufgaben. Aber das hier scheint mir doch ziemlich aussichtslos.

Meine Gedanken behalte ich allerdings erst mal für mich.

»Euch ist schon klar, dass das Landsmót in Vindheimamélar schon in zwei Monaten stattfindet?«, sage ich stattdessen. Meine Stimme klingt strenger, als ich es beabsichtige. »Und euer Pferd kann ja noch nicht mal richtig gehen.«

»Ja, das ist uns schon klar«, räumt Helgi etwas zerknirscht ein, »aber ich sage dir, das hier ist ein ganz besonderer Hengst, und wir wollen alles versuchen, damit er dort starten kann. Und mit Daníel haben wir einen hervorragenden Reiter für Stáli gefunden, der auch schon international Pferde vorgestellt hat.«

»Das Qualifikationsturnier ist bereits in einem Monat«, gebe ich zu bedenken. »Da muss er also schon Leistung zeigen.«

»Auch das ist uns klar«, schaltet sich Helga ein. »Aber wie Helgi gerade schon sagte, wir glauben an unseren Stáli und wären sehr froh, wenn du dich um ihn kümmern würdest.«

Ich weiß nicht, das Ganze sieht schon ziemlich aussichtslos aus. Ich möchte die beiden aber auch nicht enttäuschen.

»Björgvin, können wir mal ein paar Schritte gehen und alles besprechen?«

»Ja, klar«, sagt Björgvin, der mir schon ansieht, dass ich die Situation als relativ hoffnungslos einschätze. Und an die Züchter gewandt: »Wir spazieren mal kurz ein paar Schritte über euren Hof.«

Als wir außer Hörweite sind, sage ich zu Björgvin, dass ich eigentlich keine Chance sehe, dieses Pferd in solch kurzer Zeit noch fit zu bekommen. Geschweige denn, dass ich der Meinung sei, dass es irgendwie Talent habe und es deshalb vielleicht der Mühe wert sei.

»Susi, ich verstehe, wenn du meinst, die Aussichten auf Heilung seien mehr als gering. Aber schau, Helgi und Helga sind wirklich sehr gute Freunde von mir, und ich lasse sie nur ungern hängen«, bittet Björgvin.

»Das ist aber eine extrem harte Nuss, und das weißt du auch«, antworte ich. »Und du weißt ja wohl auch, dass das höchstwahrscheinlich vergebene Liebesmüh ist. Und selbst wenn ich alles versuche und es hinterher mit dem Landsmót doch nichts wird, müssen sie mir die Rechnung begleichen. Und die wird nicht gerade niedrig ausfallen, das sage ich dir gleich.«

Björgvin versucht, mich dennoch zu überzeugen: »Wenn es sich bei Stáli, wovon sie ja felsenfest überzeugt zu sein scheinen, tatsächlich um einen chancenreichen Hengst handelt, dann wäre eine Teilnahme am Landsmót extrem wichtig für sie …«

Das Landsmót, wie die isländischen Meisterschaften für Islandpferde heißen, ist ein riesiges, mehrtägiges Spektakel. Die Pferde haben dann bereits eine Qualifikationsrunde in ihren Regionalvereinen überstanden, es kommen also nur die besten der besten Pferde aus allen Regionen Islands zu diesem Turnier mit Volksfestcharakter. Das erste Landsmót überhaupt wurde bereits 1950 im Þingvellir-Nationalpark abgehalten, und die Veranstaltung hat sich seitdem zu einem alle zwei Jahre stattfindenden Event mit bis zu 14.000 Zuschauern aus aller Welt entwickelt.

»Gewinnt ein Hengst in einer der Disziplinen, steigt sein Wert in diesem Moment enorm. Die Züchter der besten Stuten des Landes möchten dann Nachkommen mit diesem Hengst züchten und bezahlen dafür viel Geld«, erklärt Björgvin. »Der Stall von Helgi und Helga ist bisher eher unbedeutend für die isländischen Züchter. Sie erhoffen sich mit Stáli den großen Durchbruch. Das bedeutet Geld, aber auch vor allem Ehre und Anerkennung als Züchter.«

Ich schaue noch immer skeptisch.

»Bitte«, sagt Björgvin, »tu es wenigstens mir zuliebe.«

»Ahhh, also gut«, lasse ich mich erweichen. Schließlich habe ich Björgvin ja auch einiges zu verdanken. »Dann mal los!«

Mir ist noch immer nicht wohl bei der Sache. Warum soll ich einen, wie mir scheint, höchstens mittelmäßigen Hengst jetzt einer sprichwörtlichen Rosskur unterziehen, bei der die Chancen auf Erfolg eher gegen null gehen? Aber gut, es lebe die Freundschaft!

Als wir wieder vor der Box von Stáli stehen, schaue ich ihn mir noch einmal genauer an. Er ist zwar etwas klein für ein Turnierpferd, hat aber eine schöne Anthrazitfarbe, wobei seine Mähne und sein Schweif um einiges dunkler sind. »Also gut, ich werde es versuchen«, erlöse ich die beiden Züchter und mache doch gleich eine Einschränkung. »Ihr müsst euch aber darüber im Klaren sein, dass ich die Chancen für eher gering halte, Stáli bis zum Landsmót in zwei Monaten fit zu kriegen. Vor allem jedoch muss ich darauf vertrauen können, dass ihr euch ganz genau an meine Vorgaben haltet. Kann ich da auf euch bauen?«

Ich schaue beiden tief in die Augen. Die zwei sind sichtlich erleichtert, dass ich ihnen zusage.

»Du meinst deutsche Disziplin, nicht die isländische Art und Weise, Knochenknackerin?«, stellt Helgi fest. Das lässt hoffen.

»Ja, genau. Ich werde einen Plan aufstellen, Tag für Tag, was und wie viel ihr Stáli füttern dürft, stelle einen Bewegungsplan und ein Reha-Programm zusammen und so weiter. Ich selbst werde mindestens zweimal pro Woche herkommen, um Stáli zu behandeln. Einverstanden?«

Sie sind heilfroh, dass ich mich um ihren Hengst kümmern möchte.

»Holt ihr mir einen Schemel?«

Sofort beginne ich mit der ersten chiropraktischen Behandlung und lasse im Stall die Knochen etwas knacken, während die anderen nebenan in der Kaffistófa, typisch isländisch, bei Kaffee und Kleinur, einem fettigen, festen Brandteigklumpen, einen kleinen Plausch halten.

Bei meinem nächsten Besuch ein paar Tage später stelle ich fest, dass Stáli überraschend gut auf meine Behandlungen anspricht. Er bewegt sich mit jedem Tag besser. Was ihm fehlt, ist das Training, die Kondition und Wettkampferfahrung, aber ich gebe grünes Licht für die Teilnahme an der Qualifikationsprüfung.

Zu meiner Verblüffung reitet Daníel mit Stáli eine wirklich gute Prüfung. Er schafft sogar den magischen Sprung über die Note 8,0 und damit die Eintragung ins Eliteregister für Zuchtpferde. Das sichert den beiden die so begehrte Startberechtigung zum Landsmót. Die erste Hürde wäre geschafft.

Die Anforderungen auf dem Landsmót sind allerdings um einiges höher. Das Turnier dauert länger, und Stáli muss sich dort mit den allerbesten Pferden des Landes messen.

»Das hättest du nicht gedacht, was?«, fragt Helgi triumphierend.

»Nein«, gebe ich zu, »erstens hätte ich nie damit gerechnet, dass wir ihn überhaupt bis hierher bekommen, und zweitens, dass er sich dann auch noch für das Landsmót qualifiziert.«

»Wir haben dir doch gesagt, dass es ein ganz besonderes Pferd ist«, meint Helga schmunzelnd, die sich zu uns gesellt hat. »Ich bin mir sicher, dass Stáli und du, Susi, uns auf dem Landsmót nicht enttäuschen werdet.«

Ihr Wort in Gottes Ohr, denke ich und versuche, den hohen Erwartungen mit Gelassenheit zu begegnen. Es ist und bleibt ein Drahtseilakt – mit einem Vierbeiner in der Hauptrolle.

Immerhin glaube ich in der Zwischenzeit daran, dass der Hengst auf dem Landsmót eine gute Prüfung laufen könnte. Anscheinend hat er doch etwas in sich, das ich am Anfang nicht richtig einschätzen konnte.

Und dann sind wir endlich auf dem Landsmót, das dieses Jahr in Vindheimamélar im Skagafjörður im Norden des Landes stattfindet. In dieser Gegend finden sich zur Freude der ausländischen Besucher viele traditionsreiche und bedeutende Gestüte.

Wie immer, wenn ich im Norden unterwegs bin, schlage ich bei meiner Freundin Katja mein Lager auf, die schon einige Jahre vor mir nach Island ausgewandert ist. Für mich ist es purer Luxus, bei ihr wohnen zu dürfen, denn die Reitanlage befindet sich auf dem Gelände der Firma, bei der Katja arbeitet. Hier gibt es wunderbare Cottages und einen riesigen Hot Pot, eine »heiße Quelle«, aus Naturstein, in dem wir die Nächte nach den Turniertagen verbringen werden.

Da ich mehr oder weniger im Dauereinsatz bin, wird sich meine Partyzeit allerdings in Grenzen halten, denn ich muss fit und vor allem fahrtüchtig bleiben. Denn obwohl wir uns auf dem Gelände der Anlage befinden, sind die Wege zwischen Ovalbahn, Stallungen und Unterkunft viel zu weit, um sie zu Fuß zurückzulegen.

Es herrscht bestes Wetter, die Sonne scheint mir ins Gesicht, ich kneife meine Augen zu, suche meine Sonnenbrille und atme die klare, kalte Luft tief ein.

Hier an diesem Ort fing das Abenteuer Island eigentlich schon 1990 für mich an. In jenem Jahr erfüllten mir meine Eltern zum 18. Geburtstag meinen langersehnten Wunsch und schenkten mir meine erste Reise in den hohen Norden. Auch damals fand das Landsmót hier in Vindheimamélar statt, sodass dieser Ort auch heute, nach nicht weniger als 16 Jahren, für mich etwas ganz Besonderes ist. Und nun lebe ich tatsächlich auf dieser rauen Insel im Nordatlantik, das hätte ich mir damals nicht träumen lassen ...

Ich betreue während des Landsmóts auch andere Pferde, kümmere mich aber besonders intensiv um Stáli. Er hat zwar in den letzten Wochen große Fortschritte gemacht, ich bin mir aber noch immer nicht sicher, ob er einem solch großen Turnier gewachsen ist. Das Risiko scheint mir nicht klein.

Zwischendurch genieße ich jedoch auch immer wieder das gemütliche Treiben vor Ort. Es sind auch in diesem Jahr wieder viele meiner Freunde und ehemaligen Kunden aus Deutschland und der ganzen Welt hierher in den Skagafjörður gereist. Ganz selbstverständlich wird in diesen Tagen auch gefeiert, und das nicht zu knapp. Isländer sind Meister im Feiern, im Geschichtenerzählen, miteinander Singen und nicht zuletzt im Trinken – wobei ich damit nicht das im Übrigen wunderbar schmeckende isländische Wasser meine.

Die Zuschauer sitzen oder liegen entspannt am Rand der Turnierbahn auf Decken oder gar direkt im Gras, manche haben Campingstühle mitgebracht. Zwar behalten alle ihre Windstopper und Islandpullover an, aber genießen es sichtlich, dass sie es sich dank des schönen Wetters draußen so bequem machen können. So viele Gelegenheiten hat man dazu nicht in Island.

Die Leute picknicken zusammen, man plaudert, es herrscht eine gemütliche, entspannte Atmosphäre.

Gemütlich und entspannt ist es für mich am Tag von Stális großem Auftritt allerdings nicht. Ganz im Gegenteil, ich bin gespannt wie ein Flitzebogen. Es sind nur noch wenige Stunden, bis es für meinen Schützling so weit ist.

Helgi und Helga sind unwahrscheinlich nervös, wenn sie auch versuchen, es nicht zu zeigen. Schließlich möchten sie als gestandene Isländer nicht zu viele Emotionen nach außen sichtbar werden lassen. Daníel, der Stáli wieder reitet, kann seine Anspannung immerhin dank der Vorbereitungen kanalisieren, die seine ganze Aufmerksamkeit erfordern.

»Stáli frá Kjarri mit Daníel Jónsson, bitte beim Start melden«, kommt dann endlich die Lautsprecherdurchsage. Jetzt wird es ernst. Wir wünschen Stáli und Daníel viel Glück und suchen uns einen guten Platz an der Strecke. Gespannt starre ich mit Helgi und Helga auf den Einritt. Einer der nächsten Reiter wird Daníel sein, und Stáli wird im Tölt an uns vorbeisausen. Dabei kommt es darauf an, dass er zum einen die fünf verschiedenen Gangarten klar getrennt und taktklar in unterschiedlichen Tempi präsentiert und zum anderen das Temperament, den Gehwillen und den Charakter des Pferdes in der Vorführung demonstrieren muss. Islandpferde können bis zu 45 Kilometer pro Stunde schnell tölten. Aus meiner Erfahrung als Sportturnierrichterin weiß ich, dass man dann schon ziemlich genau hinsehen muss, um die Qualität der einzelnen Gangarten angemessen beurteilen zu können.

Um uns herum stehen die Leute gelassen da. Der Name des Pferdes mit dem Zusatz »frá Kjarri«, was so viel wie »von Kjarr« bedeutet, lässt sie jetzt nicht gerade aufhorchen. Kjarr ist der Stallname von Helgi und Helga, und bisher kam von dort noch nie ein Toppferd – sondern Gemüse. Es wird also ein Pferd sein, das irgendwo im grauen Mittelfeld landen wird, denken sich die meisten Fachleute an der Strecke. Wenn es das denn wenigstens schafft, denke ich.

Und dann ist Daníel mit Stáli endlich an der Reihe, es geht los. Daníel sitzt sehr konzentriert im Sattel, der Hengst scheint gut aufgelegt zu sein. Stáli hat seine Ohren gespitzt, richtet seinen Hals elegant auf und setzt seine mittlerweile stark bemuskelte Hinterhand weit unter seinen und Daníels Schwerpunkt, um dann mit hochweiter Vorhandaktion in die Bahn zu tölten.

Daníel ist vollkommen auf das Pferd fokussiert. Sein kurzes blondes Haar ragt nur wenig unter seinem schwarzen Helm hervor.

Seine Augen haften am Hinterkopf des Pferdes, als wolle er es allein mit seinem Blick antreiben. Die Zügel hält er gerade so, dass das Pferd die Hand spürt, aber nicht gebremst wird. Sogar Daníels Kopf wiegt sich im gleichen Takt wie der des Hengstes: Er ist in Kontakt mit dem Pferd und das Pferd mit ihm. Die beiden bilden eine vollkommene Einheit.

»Das sieht ja unglaublich aus«, entwischt es mir leise.

Wir schauen alle wie gebannt zu.

Und wir staunen mit jeder Sekunde mehr. Daníel holt wirklich alles aus dem Pferd heraus. Jetzt kommt der Übergang vom ruhigen, langsamen Tölt zum Galopp, bei dem der Hengst Schwung und Tempo für den anschließenden Übergang zum Rennpass holt, währenddessen das Pferd dann seine Höchstgeschwindigkeit erreicht.

Der Übergang gelingt wie am Schnürchen. Wir stehen mit offenem Mund an der Strecke und trauen unseren Augen kaum.

»Áfram!«, möchte ich Stáli zurufen, »Vorwärts!« Und tatsächlich geht er im wahrsten Sinne des Wortes noch mehr auf die Hinterhand und entwickelt damit geradezu magische Kraft und Geschwindigkeit. Stáli töltet in einem Wahnsinnstempo, schneller als in jedem Training davor, mehr noch, er läuft auch in fast perfekter Technik im Rennpass mit riesigen Schritten an uns vorbei.

»Er fliegt«, flüstert Helgi fast schon ehrfürchtig, »er fliegt ...«, und kann es kaum fassen. Wir alle können es kaum fassen. Wir stehen mit offener Kinnlade und Gänsehaut einfach nur da und staunen.

»Wow«, sage ich schließlich nach einer gefühlten Ewigkeit, »so etwas habe ich ja noch nie gesehen!«

Wir sind alle drei noch immer wie benommen.

»Wir haben dir doch gesagt, dass das Pferd ein ganz außergewöhnliches ist«, sagt Helga schließlich. »Kommt, lasst uns zu Stáli und Daníel gehen.«

Dieses wahnsinnige Glücksgefühl hält auch noch an, als wir Stáli und Daníel zu ihrer Leistung gratulieren. Etwas besorgt geht mein Blick zu seinen Vorderbeinen, aber alles scheint in bester Ordnung. Nie im Leben hätte ich geglaubt, dass wir hier überhaupt mit diesem Pferd an den Start gehen würden, geschweige denn, dass es so toll laufen würde!

Aber Reiten ist nun mal auch ein Jurysport, und da weiß man nie. Wir warten zusammen, unsere Nerven bis zum Zerreißen gespannt, auf die Lautsprecherdurchsage.

Dann kommen endlich die Benotungen: Wir hören eine nach der anderen. Die klingen mehr als erfreulich! Wir freuen uns riesig, als die letzte Note durchgegeben wird. Seine bereits erzielte hohe Qualifikationsnote fürs Eliteregister hat er mit dieser gigantischen Vorführung auf jeden Fall noch einmal übertroffen. Das sollte doch bestimmt für einen Platz unter den fünf Bestplatzierten reichen.

Aber anstatt der Lautsprecherdurchsage, die den nächsten Reiter ankündigt, folgt dann erst noch ein ganz magischer Satz. Drei Worte, die uns die Sprache verschlagen: »Das ist Weltrekord!«

Jetzt gibt es kein Halten mehr! Wir jubeln und umarmen uns, Tränen rollen uns vor Freude über die Wangen. Wir sind vollkommen aus dem Häuschen. Das ist ja unglaublich, unbeschreiblich, Wahnsinn! Helgi wiederholt nur leise immer wieder: »Er ist geflogen, er ist geflogen ...« Helgi und Helga schämen sich ihrer Emotionen nicht mehr, auch wenn sie, sehr unisländisch, jetzt nicht mehr an sich halten können. Sie sind gerade in die allerhöchste Klasse der Islandpferdezüchter und -besitzer aufgestiegen. Ihnen wird Ruhm und Ehre zuteilwerden – und sie werden nach Jahren harter Arbeit endlich auch ordentlich an ihrer Zucht verdienen.

Was bin ich im Nachhinein froh, dass ich vor zwei Monaten doch Ja gesagt habe, als ich den stolzen Stáli das erste Mal so traurig und in sich gekehrt auf dem Hof habe stehen sehen. Heute hat er mit seiner Stahlkraft seinem Namen alle Ehre gemacht. Zum Glück können Helgi und Helga genauso durchsetzungswillig sein, wie ich es auch von mir kenne.

Bei der Siegerehrung verblasst die rote Krawatte, die Daníel, noch immer im Reitjackett, trägt, als er die Goldmedaille umgehängt bekommt. Und auch Stáli steht die Siegerschärpe einfach fantastisch. Eine Frau in Tracht positioniert sich mit dem riesigen Wanderpokal neben ihm und wartet darauf, dass dieser dem Reiter von einem Offiziellen übergeben wird. Als Daníel den Pokal in die Hand gedrückt bekommt, reckt er ihn stolz in den Himmel. Landsmót-Sieger mit Weltrekord!

Eine Woche später komme ich wieder im Stall bei Helgi und Helga vorbei. Auch Daníel ist da. Wir begrüßen uns überschwänglich und sind noch alle glückselig. Stáli kümmert sich derweil um die schönen und wirklich wichtigen Dinge des Lebens: Er beglückt seine Stuten auf der saftig-grünen Hausweide.

»Ich möchte euch noch danken für dieses unvergessliche Erlebnis und das Vertrauen, das ihr mir geschenkt habt«, sage ich, den Blick glücklich auf den Weltrekord-Stáli gerichtet.

»Und wir möchten dir danken, Susi, dass du uns trotz deiner Zweifel durch deinen Einsatz so unterstützt hast«, gibt Helga zurück.

Und Helgi ergänzt: »Wir würden dir gern etwas schenken für deine Mühen und deine hervorragende Arbeit. Was hältst du davon, eine deiner Stuten bei uns vorbeizubringen und sie von Stáli decken zu lassen? Er würde dazu bestimmt nicht Nein sagen.«

Da bin ich aber baff – und zu Tränen gerührt. »Das ist ja wirklich eine wunderschöne Überraschung, ich danke euch sehr! Das wäre natürlich unglaublich.«

»Du hast es dir mehr als redlich verdient, Knochenknackerin!«, meint Helga gerührt. Und auch sie tupft sich eine Träne weg.

Erst in der darauffolgenden Woche wird mir so langsam klar, dass sich nicht nur Helgi und Helga einen Namen im isländischen Pferdesport gemacht haben, sondern es sehr wohl auch registriert wurde, dass ich einen gewissen Anteil am Erfolg des Hengstes habe. Nach der erfolgreichen Weltmeisterschaft und dem Weltrekord von Stáli brauche ich mich nicht mehr um neue Kunden zu bemühen. Auf einmal rufen die Züchter mich an!

Mit viel harter Arbeit und dem nötigen Quäntchen Glück habe ich etwas geschafft, was so in Deutschland nie möglich gewesen wäre. Vor allem nicht in dieser kurzen Zeit.

Im freien Fall

Mein Hochgefühl sollte leider nur von kurzer Dauer sein.

Im November erhalte ich einen unerwarteten Anruf.

»Müppi, ich weiß nicht, was ich machen soll. Ich brauche dringend deinen Rat.« Meine Mutter klingt sehr ängstlich am anderen Ende der Leitung.

»Was ist denn los?«, frage ich, »ich arbeite gerade bei Akureyri im Norden auf einem Gestüt und habe hier kein so gutes Netz …«

»Da stimmt etwas nicht mit deinem Vater.« Sie atmet sehr flach. »Er kam gerade heim von der Praxis, klagt über starke Kopfschmerzen und hat sich mitsamt seinen Straßenkleidern und Schuhen gleich ins Bett gelegt. Er sprach schon in der Praxis über Schwindel. Eine Mitarbeiterin hat ihn nach Hause begleitet und ist hinter ihm hergefahren. Er wollte unbedingt noch selbst Auto fahren. Was soll ich bloß tun? Er ist kaum ansprechbar.«

»Ruf sofort den Notarzt an!«, sage ich ohne Umschweife.

Jetzt bin auch ich beunruhigt. Mein Papa ist für mich seit jeher mein Vorbild, mein Held. Ich hoffe, dass es nur der Kreislauf ist, ahne aber tief im Innern, dass die Situation ernst ist. Während unseres gemeinsamen Familienurlaubs in diesem Jahr auf Juist war er schon recht matt, aß nur wenig und redete auch kaum. Er habe einfach zu viel gearbeitet, tat er seine Schwäche ab.

Anscheinend ist es seitdem nicht besser, sondern schlimmer geworden.

Mama ruft mich dann, nachdem der Notarzt da war, wieder an.

»Papa geht es wieder ein klein wenig besser«, vermeldet sie. »Für morgen hatte er sowieso schon seit längerer Zeit einen Arzttermin geplant, bei dem er sich durchchecken lassen wollte. Da geht er morgen hin, und dann sehen wir weiter.«

Ich mache mir Sorgen. Irgendetwas sagt mir, dass das etwas Ernstes sein könnte. Etwas sehr Ernstes. Ich hatte schon immer ein sehr inniges und vertrauensvolles Verhältnis zu meinem Vater. Obwohl ich nicht, wie es sein Wunsch war, Hautärztin geworden bin und die lange Tradition der Braun'schen Hautarztpraxis nicht weitergeführt habe, so bin ich doch Ärztin geworden und tausche mich oft mit ihm auch über medizinische Fachfragen aus. Er war mir immer engster Vertrauter, liebevoller Papa und hilfreicher Ratgeber zugleich.

Nachdem meine Mutter aufgelegt hat, rotiere ich innerlich. Angst und Sorge breiten sich in mir aus, ich will jetzt nur eines: So schnell wie möglich nach Deutschland. Stattdessen stehe ich hier im Norden Islands in einem Pferdestall.

Meine Knie sind ganz weich, ich weiß nicht, wie ich die viereinhalbstündige Fahrt bis nach Hause – nach Kópavogur – schaffen soll. Eilig fahre ich erst mal los, halte an einem kleinen Wasserfall an, steige aus, tauche meine zitternden Hände tief in den Fluss, fülle meine Wasserflasche mit eiskaltem, kristallklaren Gletscherwasser und fühle die Kälte in meinen Adern.

Auf einmal werden meine Gedanken kristallklar wie der Gletscherbach. Alles Unwichtige fällt von mir ab. Es scheint, als ob ein höheres Ich gerade bestimmt, was ich tue. Ich funktioniere, ein Autopilot übernimmt die Kontrolle.

Zuerst Björgvin anrufen!

»Ich muss sofort zurück nach Deutschland zu meinem Vater. Ich bin gerade hier aus dem Norden losgefahren, will nur schnell zu Hause meine Sachen packen und dann morgen früh gleich mit dem ersten Flugzeug los. Könntest du bitte für mich bei meinen Kunden einspringen?«, erkläre ich ihm kurz die Situation.

»Ja klar«, antwortet Björgvin, »mach dir darüber keine Sorgen. Ich buche dir jetzt sofort einen Flug und regle alles Weitere, was die Arbeit betrifft, informiere die Ställe und übernehme dann. Und denk dran bei aller Eile: Fahr vorsichtig. Das Wetter soll ziemlich ungemütlich werden heute Abend, Schneefall und Glatteis. Du solltest auf jeden Fall auf der Ringstraße bleiben und keine Abkürzungen nehmen.«

Wie froh bin ich doch, dass Björgvin so verständnisvoll ist. Einmal mehr schätze ich mich glücklich, dass ich mit ihm zusammenarbeiten darf. Ich bin erleichtert, dass er so schnell und unkompliziert, so kollegial und freundschaftlich reagiert. Ich weiß, was es bedeutet, wenn man auf einmal die Arbeit einer Kollegin mit übernehmen und alles umorganisieren muss. In Deutschland musste ich als junge Tierärztin des Öfteren für ältere Kollegen einspringen, extra Wochenend- und Bereitschaftsdienste übernehmen.

»Danke, Björgvin«, sage ich den Tränen nahe, »dafür bin ich dir wirklich sehr dankbar.«

Ich komme mitten in der Nacht zu Hause in Kópavogur an, packe ein paar Kleidungsstücke zusammen und mache mich gleich auf den Weg. Morgen früh um sieben Uhr hebt die Maschine ab – und die muss ich auf jeden Fall kriegen. An Schlaf ist überhaupt nicht zu denken.

Nach einer gefühlten Ewigkeit komme ich endlich in Deutschland an, habe vor Sorge seit gestern Nachmittag weder gegessen noch geschlafen. Wie ferngesteuert fahre ich vom Flughafen direkt ins Krankenhaus. Dass mein rechtes Bein mir anscheinend nicht mehr gehorcht, schiebe ich auf die lange Autofahrt und den Flug, das verkrampfte Sitzen und die Anspannung der letzten Stunden.

»Er hat große Schmerzen«, begrüßt mich meine Mutter mit Tränen in den Augen, und wir fallen uns in die Arme, halten uns fest.

Ich versuche, mich zusammenzureißen, um nicht vollkommen die Contenance zu verlieren.

Als ich endlich an Papas Krankenbett trete, erkennt er mich zwar, ist aber kaum ansprechbar. Sanft halte ich seine Hand, versuche, mit ihm zu sprechen. Er flüstert nur, es hat den Anschein, als sei er nicht ganz anwesend. Ich schaue meine Mama fragend und hilflos an.

»Sie haben ihn schon für die Operation vorbereitet«, erklärt sie mir. »Die Ärzte wissen zwar nicht, wie und warum, aber er hat wohl eine Gehirnblutung. Sie müssen sofort operieren.«

Es scheint noch schlimmer zu sein, als ich auf dem Weg hierher befürchtet habe. Wird er jemals wieder sprechen können, wird sein Gehirn danach funktionieren wie bisher?

Meiner Mutter und mir stehen angstvolle Stunden bevor. Mama betet, ich schweige, versuche, meine Gedanken zu kontrollieren, stark zu sein, einen kühlen Kopf zu bewahren. Mein rechtes Bein – ich kann es kaum anheben, aber um mich darum zu kümmern, habe ich jetzt keine Zeit. Ich ärgere mich eher über diese lästige Einschränkung, als dass ich mir zu diesem Zeitpunkt Sorgen darüber mache.

Nach einer gefühlt endlosen Zeit der Anspannung und Ungewissheit informiert uns endlich der operierende Arzt über den Stand der Dinge.

»Die schlechte Nachricht ist, dass Ihr Mann beziehungsweise Ihr Vater während der Operation mehrere Herzinfarkte erlitten hat«, beginnt er langsam. Konzentrier dich jetzt gefälligst, rufe ich mich innerlich zur Raison, reagier wie eine Ärztin. Hier geht es schließlich um das Leben deines Vaters, du musst die Kontrolle behalten.

Meine Mama beginnt leise zu schluchzen, hält sich aber tapfer. Ich versuche, mit medizinischem Sachverstand zuzuhören und zu verstehen, was der Mann in Grün uns mitzuteilen hat.

Doch ich bin ungehalten, gereizt, habe Angst. Unsagbar große Angst.

»Die gute Nachricht wiederum ist«, informiert uns der Chirurg weiter, »dass er jetzt stabil ist und wir die Blutung stoppen konnten.«

Meine Mutter schöpft wieder leise Hoffnung, und ich frage den Operateur nach der Ursache der Gehirnblutung – bekomme jedoch nur ein Schweigen als Antwort.

Nach einer kurzen Pause fährt er fort: »Wir können aber noch nicht mit Sicherheit sagen, ob bei dem Patienten eventuell bleibende Gehirnschäden zu erwarten sind. Das wissen wir erst, wenn er aus der Narkose aufgewacht ist.«

Ich lasse mich erschöpft auf den Stuhl fallen, versuche verzweifelt, den Kloß im Hals herunterzuschlucken. Ich kann nicht mehr stark sein. Nicht mehr lange. Papa, bleib bitte bei mir!

Mein Vater ist nach der schweren Operation nicht mehr er selbst. Er scheint in wenigen Stunden um Jahre gealtert, seine Haut ist schlaff und blass, sein linker Arm mit Venenkatheter hängt kraftlos herunter. Er ist kaum ansprechbar, hat starke Gedächtnisverluste. Er erkennt Mama und mich zwar, will aber nicht mehr wirklich sprechen.

Mein starker, großartiger, über alles geliebter Papa – er ist nur noch ein Schatten seiner selbst.

Mama und ich wachen abwechselnd Tag und Nacht an seinem Bett. Manchmal hat er bessere Phasen, dann wieder geht es ihm schlechter. Ich bin wütend und verzweifelt: Papa, warum kämpfst du nicht? Wo bist du? Kannst du mich überhaupt hören?

Er bekommt Morphium, fantasiert im Schlaf.

Ich darf in einem zugestellten Bett in seinem Krankenzimmer übernachten, bekomme mit, welch starke Schmerzen er hat, wie er sich quält.

Er ist doch gerade erst sechzig geworden, das darf doch einfach nicht wahr sein!

Ich will irgendetwas tun, fühle mich aber unendlich hilflos, während ich seine Krankenakte studiere.

»Frau Dr. Braun ...« Der Chefarzt fängt mich ab, als ich ein paar Tage nach der Operation meine Mama morgens am Krankenbett meines Vaters ablösen möchte. »Würden Sie bitte kurz mitkommen, ich möchte Ihnen etwas zeigen.«

Jetzt wird sich wohl bestätigen, was ich schon vermutet habe. Ich sehe es dem Chefarzt an, und eigentlich weiß ich es auch sowieso schon, seit ich aus Island losgefahren bin: Es sieht nicht gut aus für meinen Vater.

Als wir in seinem Zimmer sind, schließt der Chefarzt die Tür und zeigt mir CT- und Röntgenbilder. In manchen Bereichen unterscheidet sich die Veterinär- nicht so sehr von der Humanmedizin.

Die Bilder zeigen dunkle Schatten. Metastasen. Das Knochenmark entlang der gesamten Wirbelsäule ist zerstört. Der Krebs, den er vor sechs Jahren glaubte, besiegt zu haben, ist wieder da. Bei dem Ausmaß der Zerstörung, die ich auf den Bildern sehe, ist mir als Ärztin sofort klar, dass es da keine Heilung mehr geben kann.

Ich muss mich setzen.

»Möchten Sie ein Glas Wasser?«

»Ja, bitte«, sage ich. Mein Mund ist trocken. Diese Bilder ziehen mir den Boden unter den Füßen weg. Meine Knie werden weich, mein rechtes Bein ist sowieso nur noch Attrappe, hat schon seinen Dienst quittiert, doch egal, ich muss mich setzen.

Sollte es tatsächlich so sein, dass mein allerliebster und bester Papa, mein großes Vorbild, unheilbar krank ist?

Das Tochterherz hofft noch, das Herz der Ärztin in mir weiß aber, dass es keine Hoffnung mehr gibt. Die Metastasierung ist schlicht schon viel zu weit fortgeschritten.

Wieder werde ich unglaublich wütend. Das ist so ungerecht! Mein Vater, der so vielen Menschen das Leben gerettet hat, wird einfach von einer heimtückischen, unheilbaren Krankheit mitten aus dem Leben gerissen. Ich bin Ärztin – und trotzdem kann ich nichts tun, außer hilflos zuzusehen, wie Papa sich mit jedem Tag ein Stückchen mehr aus diesem Leben zurückzieht.

Meine Mutter bricht unter Tränen zusammen, als ich ihr die unendlich traurige Mitteilung mache.

Ich verschiebe meinen Rückflug. Wir machen einen Plan, um uns weiterhin gegenseitig am Krankenbett meines Vaters abzuwechseln.

Mama gibt die Hoffnung nicht auf, betet, zündet Kerzen an. Ich suche alte Fotos von Papa, Mama und mir und bastle in den endlos leeren Stunden ein Fotoalbum für ihn, in der Hoffnung, dass er sich doch noch an etwas aus unserem gemeinsamen Leben erinnern kann.

Seit ich vor vier Wochen ins Flugzeug gestiegen bin, habe ich Schmerzen im Rücken und manchmal auch in meinem rechten Bein. Mit der Zeit sind diese größer geworden, und manchmal fällt mein Bein schon komplett aus. Ich kann es dann einfach nicht mehr bewegen.

Es ist mir lästig, denn dafür habe ich jetzt überhaupt keine Zeit, aber durch meine Ignoranz dieser Anzeichen wird die Situation immer schlimmer.

»Na, dann werden wir Sie wohl auch mal untersuchen müssen«, meint schließlich eine Krankenschwester. Dem Pflegepersonal ist auch schon aufgefallen, dass ich immer schlechter stehen und gehen kann.

»Ich informiere den Arzt, der dann entscheiden wird, was zu tun ist.«

Okay, mir ist sowieso alles egal.

Zwischen meinen Wachen am Krankenbett werde ich zu verschiedenen Untersuchungen gebeten, bis die Diagnose feststeht: Bandscheibenvorfall mit Nervenentzündung.

Tatsächlich ist diese Situation mit meinem Papa für mich kaum durchzustehen: Er ist mein Fels in der Brandung. Er darf mich nicht einfach im Stich lassen!

Und ich muss jetzt stark bleiben. Manchmal kann ich das, vor allem für Mama. Aber bin ich allein, kann ich mich kaum mehr zusammenreißen und weine vor Verzweiflung still in meine Kissen.

Mithilfe der Medikamente gegen meine Schmerzen und dank der Ruhe, die ich am Krankenbett zwangsläufig habe, schaffe ich es, für meine Eltern weiterhin da zu sein. Und ich will jetzt auf gar keinen Fall darüber nachdenken, was ein Bandscheibenvorfall mit Lähmungserscheinungen für mich als Pferdetierärztin und Chiropraktikerin für Konsequenzen haben kann.

Zehn Tage später ruft frühmorgens das Krankenhaus an, Mama und ich sollen doch bitte sofort kommen, meinem Vater gehe es sehr schlecht.

Ich weiß, was dieser Anruf bedeutet.

Wir setzen uns sofort ins Auto, mein Magen rebelliert. Die kahlen Bäume im kalten Winterwind, die fast menschenleere, frühmorgendliche Stadt spiegeln ziemlich genau wider, wie ich mich gerade fühle.

Irgendwie schaffe ich es unfallfrei bis auf den Parkplatz im Krankenhaus, und wir eilen hinauf in seine Abteilung. Der behandelnde Arzt kommt uns auf dem Flur entgegen und erklärt uns, dass sich der Zustand meines Vaters deutlich verschlimmert habe und er mittlerweile beatmet werden müsse.

»Mein Papa hat eine Patientenverfügung verfasst«, erwähne ich. Mein Kopf fühlt sich leicht an, mir wird schwindelig, aber ich muss das tun, das bin ich meinem Vater schuldig, auch wenn es das Schwerste ist, was ich jemals in meinem Leben entscheiden musste.

Ich versuche, so tief wie möglich einzuatmen, und höre mich die Worte sagen, die als Ärztin so viel leichter gesagt sind denn als Tochter: »Er möchte keine lebenserhaltenden Maßnahmen.«

Der Arzt versichert sich, ob er mich richtig verstanden habe.

»Dann werden wir auf ihren Wunsch das Beatmungsgerät abstellen und stoppen die Infusionen«, sagt er zögernd.

»Bitte lassen Sie die schmerzlindernden Mittel weiterlaufen«, flüstere ich tonlos.

»Ja, selbstverständlich«, nickt er und wünscht mir viel Kraft.

Mami und ich sitzen an Papas Bett, sein Blick ist schon ganz weit weg, wir halten jeder eine Hand, ich lege meinen Kopf auf seine Brust, seine Atemzüge werden flacher, die Abstände dazwischen immer größer.

Mama öffnet das Fenster, und im nächsten Moment verlässt seine Seele seinen Körper, der ihr zu klein geworden zu sein scheint.

Papa ist tot.

Es ist der traurigste Tag meines Lebens.

Der Weg zurück ins Leben

Nach dem Tod meines Vaters unterstütze ich meine Mutter, wo ich nur kann.

Mittlerweile bin ich schon sechs Wochen in Deutschland. Viele praktische Dinge sind zu regeln: das Begräbnis, der Verkauf der Praxis, die Abwicklung der Lebensversicherung.

Letztere bereitet Ärger und Sorgen, doch auf die Hilfe meiner lieben Freundin Karola kann ich mich auch in dieser Lage verlassen. Sie ist Anwältin, lebt abwechselnd in Island und Deutschland und regelt die Angelegenheit auf ihre Art.

Uns fällt ein Stein vom Herzen. Rechnungen müssen bezahlt werden und so vieles mehr. Manchmal verdrängt der ganze Papierkram unsere Trauer für eine gewisse Zeit.

Eine Frage nagt an mir, jetzt, wo sich die Familiensituation so abrupt verändert hat: Kann ich es meiner Mama antun, tatsächlich in Island zu bleiben, oder soll ich doch lieber wieder nach Deutschland zurückkehren?

Die Frage beantwortet sich allerdings schneller als gedacht. Denn Björgvin ruft an. Er ist ziemlich durch den Wind.

»Susi, jetzt habe ich eine große Bitte«, seine Stimme klingt sehr traurig. »Ich wurde gerade angerufen, mein Vater hat Krebs im Endstadium. Die Leber ist voller Metastasen, es ist gerade erst festgestellt worden. Du musst bitte schnell herkommen und die Praxis übernehmen. Ich weiß, dass du noch trauerst, aber ... sonst schaffen wir das nicht. Bitte.«

Oh nein, muss Björgvin jetzt das Gleiche durchmachen wie ich die letzten Wochen?

»Ja, natürlich«, sage ich sofort. Ich weiß ja aus eigener Erfahrung, wie wichtig es ist, alles stehen und liegen zu lassen, um sich in solch einer Grenzerfahrung um seine Familie kümmern zu können.

»Ich buche gleich einen Flug und mache mich so schnell wie möglich auf den Weg«, sage ich, noch etwas durcheinander. »Fahr du schon mal zu deinen Eltern, ich rufe von hier aus deine Kunden an und regle alles.«

Zum Glück zeigt meine Mama vollstes Verständnis. »Ja, natürlich gehst du«, sagt sie und nimmt meine Hand, »er hat schließlich dasselbe für dich getan. Und du hast dir nun mal in Island dein eigenes Leben aufgebaut.«

Ich umarme sie. Wie hält sie sich doch tapfer!

Ich bin froh, dass sie auch in dieser für sie mehr als schwierigen Zeit meine Entscheidung für Island so mitträgt.

Als ich sie am nächsten Tag allein zurücklassen muss, bricht es mir fast das Herz. Aber mein Pflichtbewusstsein und die Solidarität mit Björgvin sind stärker, sodass ich, wenn auch zögerlich, den eilig gebuchten Flug nach Island, in mein Zuhause, antrete.

Wieder zurück, geht es meinem Rücken langsam besser, und meine Beine gehorchen mir bald wieder einigermaßen. Die deprimierende Prognose, schwerlich wieder voll als Pferdetierärztin und vor allem als Chiropraktikerin arbeiten zu können, die mir die deutschen Ärzte stellten, hält mich nicht davon ab, mir eigene Wege zu suchen: Eine Operation und auch Injektionen kommen als Behandlung für mich nicht infrage.

Zum Glück finde ich in Island einen Human-Chiropraktiker und eine Masseurin. Dazu erstelle ich mir mithilfe einer Freundin, die Schwimmlehrerin ist, einen Reha-Plan. Ein weiter Weg – fortan muss ich wohl mehr auf die Signale meines Körpers hören, die ich bisher eher leichtfertig zu übersehen pflegte.

Immerhin kann ich wieder in und auch aus meinem Toyota steigen, der zum Glück ein Automatikgetriebe hat.

Nach über sechs Wochen der ständigen Anspannung und der tiefen Trauer habe ich allerdings das Gefühl, nicht einmal mehr zu wissen, wie ich einem Pferd eine Spritze setzen, geschweige denn, wie ich überhaupt eine Diagnose stellen soll. Meine Gedanken sind noch so weit weg, ich muss mich erst sammeln.

Es kostet Kraft, mich zu fokussieren. Kann ich das alles noch? Ich habe Angst, mich vor meinen Kunden erklären zu müssen.

Aber meine Sorge ist unbegründet. Björgvin, der jetzt selbst bei seinem todkranken Vater am Krankenhausbett sitzt, war so lieb und hat allen Kunden schon erzählt, dass mein Papa gestorben sei und mich das doch sehr erschüttert und mitgenommen habe.

Es ist unglaublich, wie viel Liebe und Wärme mir auch ohne große Worte auf den Höfen entgegengebracht wird. Ich werde zum Mittag- oder zum Abendessen eingeladen, darf übernachten. Leute umarmen mich und spenden mir Trost.

Über die Arbeit finde ich recht schnell wieder zurück ins Leben, und auch mein Körper bekommt nun die erforderliche Aufmerksamkeit. Denn ich will um jeden Preis weiter in meinem Beruf arbeiten können. Etwas anderes kommt für mich nicht in die Tüte, allen düsteren Prognosen und Prophezeiungen zum Trotz.

Ich weiß, dass ich das kann.

Da ich für den Moment auch die Kunden von Björgvin übernehme, bleibt mir ja auch gar nichts anderes übrig, ich muss mich schließlich um die Pferde kümmern.

Nach und nach erholt sich schließlich nicht nur meine angeschlagene Seele, sondern auch mein Rücken, und meine Beine werden wieder kräftiger. Als Björgvin in die Praxis zurückkehrt, reden wir zwar nicht viel über den Tod unserer Väter, fühlen uns aber durch ein noch stärkeres Band miteinander verbunden als zuvor.

Beide haben wir in kurzer Zeit unsere Väter verloren, wir wissen um die damit verbundenen Gefühle und Emotionen, können nachvollziehen, was der andere erlebt und mitgemacht hat. Da brauchen wir tatsächlich nur ganz wenige Worte, wir verstehen einander auch so.

Und Mama unterstützt mich auch weiterhin in der Entscheidung, in Island zu bleiben. Es sind ja schließlich nur dreieinhalb Flugstunden nach Deutschland, und ich plane, sie spätestens jeden zweiten Monat zu besuchen.

Liebesschwüre, Luftschlösser und gesunder Menschenverstand

Es war ein langer Tag, der letzte Notruf kam erst am späten Abend. Immerhin, die Operation ist gut verlaufen. Erschöpft fahre ich zurück nach Hause, freue mich auf mein Bett. Als ich vor dem Haus ankomme und einen Parkplatz suche, sehe ich schon meine Vermieterin Una am Fenster sitzen. Sie sitzt dort fast immer, schaut, was in der Straße los ist, wer kommt, wer geht.

Ich bin so müde, dass ich mich nicht umschaue, bevor ich aus dem Auto steige, und deshalb das Taxi nicht sehe, das fast gleichzeitig mit mir ankommt. Es ist Karnevalszeit, und aus dem Taxi steigt ein sturzbetrunkener Eiríkur.

Oh nein, denke ich mir, doch leider ist es schon zu spät. Hätte ich ihn früher gesehen, wäre ich noch eine Minute im Auto sitzen geblieben. Wenn das mal gut geht.

Ich mache den Kofferraum auf, hole meinen blauen Arztkoffer aus dem Auto, schließe die Tür wieder und drehe mich um, um die zwei Schritte vom Auto bis zu meiner Haustür zurückzulegen. Da stürzt Eiríkur auch schon auf mich zu und umarmt mich völlig unvermittelt.

»Susi, ich liebe dich«, lallt er mit schwerer Zunge.

Oh nein, da geht aber gerade was ganz gehörig schief! Seine Alkoholfahne kann man wahrscheinlich noch bis zur nächsten Kreuzung riechen.

In der einen Hand meinen Arztkoffer, versuche ich ihn mit der anderen Hand wieder auf Distanz zu drücken.

»Eiríkur, ich bin müde und möchte in meine Wohnung«, sage ich, meine Stimme noch freundlich, meine Augen aber fixieren ihn mit strengem Blick.

Im nächsten Augenblick steht schon seine Mutter an der Tür bei der Treppe nach oben.

»Eiríkur, was soll das? Bist du noch ganz bei Trost? Lass sofort Susi los! Du bist ja voll wie eine Haubitze. Komm sofort rein«, ruft sie auf die Straße.

Halb schiebe ich ihn, halb lässt er los, als er die Worte seiner Mutter hört.

Er steht recht wacklig auf den Beinen, bemüht sich um Gleichgewicht und hebt an, etwas zu sagen. Aber das klappt nicht mehr so richtig.

»Eiríkur, jetzt!«, kommandiert Una.

»Das tut mir wirklich leid, Susi«, sagt sie zu mir, als Eiríkur sich langsam umdreht und zu seiner Mutter nach oben wankt, »bitte entschuldige.«

»Ist schon gut«, erwidere ich, noch immer verdattert ob der skurrilen mitternächtlichen Episode auf dem Bürgersteig, »es ist ja Karneval ...«

Eiríkur ist inzwischen oben an der Treppe angekommen.

»Und du entschuldigst dich jetzt auf der Stelle!«, herrscht Una ihn an.

So langsam dämmert ihm wohl die Peinlichkeit der Situation.

»Entschuldige, Susi«, meint er ganz bedröppelt.

»Ist schon gut, Eiríkur, mach dir nichts draus.« Ich will einfach nur noch in mein Bett. »Gute Nacht.«

»Gute Nacht, Susi, und nichts für ungut«, wünscht mir Una. Eiríkur ist schon durch die Tür verschwunden. Ob der morgen noch weiß, dass er mir heute Nacht seine Liebe offenbart hat, ist eher fraglich.

Eine Freundin fragt mich ein paar Monate später, ob ich nicht Lust hätte, als Pferdetierärztin bei einem mehrtägigen Workshop für acht Reiter mit einem Reitlehrer aus Südeuropa anwesend zu sein und die Pferde zu betreuen. Für Essen ist gesorgt, alle werden auf dem Hof untergebracht und schlafen die Woche über in den Gästezimmern.

»Ja klar, gerne«, entgegne ich. »Aber hat dieser Reitlehrer überhaupt Erfahrung mit Islandpferden?«

»Nein«, sagt meine Freundin, »das ist ja gerade das Spannende, dass wir mal eine ganz neue Sichtweise, quasi von außen, auf unsere Islandpferde bekommen.«

Ich kann zwar erst ab dem zweiten Tag der Veranstaltung dabei sein, aber das ist für meine Freundin kein Problem.

Als ich dann in die Halle komme, wird schon konzentriert trainiert. Die Stimmung ist ausgesprochen gut, auch wenn die meisten, deutlich erkennbar, mit einem Kater zu kämpfen haben: Die letzte Nacht war anscheinend sehr ausgelassen.

Als ich Pedro, den Reitlehrer, im Sattel sehe, fällt mir sofort auf, wie harmonisch er mit dem Pferd kommuniziert. Ich bin überrascht, wie jemand, der Islandpferde bisher nicht kannte, sich doch vom ersten Moment an so gut in diese ganz besonderen Tiere einfühlen kann.

Als er absteigt und wir uns zur Begrüßung endlich die Hand geben, wird mir ganz anders. Die Blicke aus seinen dunklen südländischen Augen treffen mich unmittelbar und sehr direkt. Mir läuft ein Schauer über den Rücken.

Er schaut mich eine Sekunde zu lange an, und ich hoffe, dass er nicht merkt, wie ich dahinschmelze und erröte.

Reiß dich zusammen, Susi, ermahne ich mich, du wirst dich doch jetzt nicht verlieben wollen.

Ich habe zum Glücklichsein wahrhaftig keinen Mann nötig. Mir war es schon immer suspekt, wenn Frauen nur damit beschäftigt waren, sich einen Mann zu angeln, von dem sie erwarten, dass er ihnen finanziell etwas bieten kann. Ich wollte schon immer lieber für mich selbst sorgen können, unabhängig sein. Als ich nach Island gezogen bin, habe ich mich von meinem isländischen Freund in Deutschland getrennt, mit dem ich einige Jahre zusammen auf einem Reiterhof gewohnt hatte. Mein Traum war es, nach Island zu ziehen, um dort mit Islandpferden zu arbeiten. Er wollte in Deutschland bleiben. Meinen Traum zu leben, war jedoch schon immer wichtig für mich. Manchmal taten die Entscheidungen weh, aber es musste sein: Ich habe schließlich nur dieses eine Leben, und das möchte ich auch so leben, wie ich mir das vorstelle.

Und jetzt stehe ich völlig verdattert in dieser Reithalle vor diesem in Island geradezu exotisch anmutenden Reitlehrer und weiß nicht, wie mir geschieht!

»Du bist also die Tierärztin?«, fragt er mich charmant lächelnd und durchbohrt mich mit seinem Blick.

»Ja, ich werde eure Pferde die kommenden Tage betreuen«, versuche ich, einigermaßen souverän zu erwidern.

Wenn ich die anderen so reiten sehe, möchte ich am liebsten ebenfalls an diesem Workshop teilnehmen. Hier kann ich noch viel lernen – und näher bei Pedro sein, der mir ausgesprochen gefällt.

»Würde es euch etwas ausmachen, wenn ich nicht nur als Tierärztin hier bin, sondern auch als Reiterin am Workshop teilnehme?«, frage ich meine Freundin. »Ihr seid schließlich alle professionelle Reiter, ich weiß also nicht, ob ich da mithalten kann.«

»Es hat sowieso einer absagen müssen, also versuchen wir es doch einfach«, schaut meine Freundin fragend in die Runde, und glücklicherweise sind alle einverstanden.

Ich dachte bis dahin eigentlich, dass ich eine ganz passable Reiterin sei – bis ich zum ersten Mal an der Reihe bin, und Pedro mir gleich vom ersten Moment an im Sattel so viel Neues zeigt, dass ich nicht nur von seinem Auftreten, sondern auch von seinen Fähigkeiten wirklich tief beeindruckt bin.

Nach dem Mittagskurs sind wir von den neuen Eindrücken und der vielen Arbeit auf den Pferden alle ziemlich erschöpft und freuen uns auf das gemeinsame Abendessen.

Wir sind eine ungezwungene Runde, reden und lachen viel. Unbemerkt geht das Essen in eine feuchtfröhliche Party über. Dabei schaue ich immer wieder verstohlen zu Pedro. Sein südländisches Flair fasziniert mich, wie er über Pferde spricht, sich aber auch nach getaner Arbeit in die Gruppe einfügt.

Manchmal fängt er meinen Blick auf, und ich schaue verschämt sofort woanders hin. Hat er mir zugelächelt? Ich glaube ja. Mir wird heiß und kalt, ich brauche eine Pause und entschließe mich zu einem kleinen Spaziergang am Strand.

Es ist für isländische Verhältnisse eine recht laue Sommernacht, fast ohne Wind, der Himmel ist blau und unbedeckt, die Sonne scheint ihr Sommernachtslicht. Kurz und gut, es ist wunderschönes Wetter.

Ich packe meine Jacke und verschwinde still und heimlich, gehe zum Wasser und atme tief durch. Ein paar Schritte werden mir guttun.

Plötzlich höre ich eine Stimme hinter mir. »Na, brauchst du auch ein bisschen Ruhe?«

Pedro steht hinter mir. Er hat gesehen, dass ich aus dem Haus gegangen bin, und ist mir gefolgt.

Meine Knie werden weich.

»Ähm, ja«, versuche ich, etwas Sinnvolles zu sagen, »ich wollte kurz frische Luft schnappen.«

»Ist es in Ordnung, wenn ich dich ein bisschen begleite?«, fragt Pedro vorsichtig.

»Ja, sicher«, antworte ich und weiß nicht so recht, wohin das führen soll. Immerhin, ich habe ein schaurig schönes Gefühl in meinem Bauch.

Wir plaudern ein bisschen, während wir an dem ansonsten menschenleeren Strand weiter und weiter den Linien folgen, die die Wellen sanft in den von Steinen unterbrochenen Sand zeichnen. Ich achte darauf, den glitschigen Algen auszuweichen.

Pedro scheint sich tatsächlich für mich zu interessieren, fragt alle möglichen Dinge über mein Berufsleben, was mich hierher verschlagen habe, warum ich mich dazu entschieden habe, Tierärztin zu werden, wie die Pferde von der Chiropraktik profitieren können und in welchen Fällen ich diese Technik einsetze.

Dann werden seine Fragen persönlicher. Ich schütte ihm nicht gleich mein Herz aus, merke aber, wie gut es mir tut, auch mal anders als nur als Knochenknackerin wahrgenommen zu werden.

Die Wellen rollen sanft die kleinen Steinchen hin und her. Es ist Ebbe, die See ist ruhig, die Sonne spiegelt sich in der unendlichen Weite des Meeres.

»Und, lebst du allein?«, fragt Pedro plötzlich.

»Ja«, sage ich, »ich lebe eigentlich ganz gern allein.«

Ich könnte mir sofort auf die Zunge beißen. Was für eine dämliche Antwort!

»Ja, ich auch«, wischt Pedro meinen Fauxpas geflissentlich beiseite, »aber manchmal wäre ich auch gern mit jemandem zusammen.«

Wir bleiben stehen, schauen uns tief in die Augen. Pedro dreht sich zu mir um. Als er seinen Arm um mich legt, versinke ich in seinen Augen. Sein Mund kommt näher, ich schließe meine Augen und spüre nur noch seine Lippen auf den meinen. Wir küssen uns, erst vorsichtig, beinahe ungläubig, dann immer intensiver und länger.

Als ich meine Augen wieder öffne, merke ich, wie ich stoßweise Luft hole, sehe wieder in Pedros Augen, die noch tiefer erscheinen als vorher. Nur von Weitem höre ich das Rauschen des Meeres. Wir umarmen uns wieder, küssen uns, ertasten uns mit unseren Händen.

Bis auf einmal eine Welle über unsere Schuhe schwappt und wir beide nasse Füße habe. Wir müssen lachen, das glückselige Lachen der frisch Verliebten.

Es scheint mir, als ob Pedro mich mit anderen Augen ansieht, mich auf Händen trägt. Ich genieße dieses Gefühl auch nach dem Kurs.

Er reist weiter, gibt auf der ganzen Welt Reitstunden für Profireiter. Ist er in Skandinavien unterwegs, komme ich zu ihm. Wir haben dann eine herrliche Zeit zusammen, genießen es, zusammen zu sein. Ich fange langsam an, mir ein gemeinsames Leben auszumalen, romantische Gefühle haben mich eingeholt.

Haben sie das wirklich? Wohin führt mich mein Weg auf einmal? Ich stelle mir immer mehr Fragen. So langsam dämmert es mir, dass Pedro ein Reitlehrer aus Südeuropa ist, der rastlos in der ganzen Welt herumreist und keinen festen Ort kennt. Ich aber bin eine doch recht bodenständige Deutsche, die nach Island gezogen ist, um Wurzeln zu schlagen, und hier eigentlich nicht mehr weg möchte.

Sollte ich mein Leben jetzt also noch einmal vollkommen neu planen und mich womöglich als Begleitung eines herumreisenden Mannes durch die Welt treiben lassen?

Mir wird klar, dass ich dann *seinem* Traum folgen würde, *mein* Traum dabei aber auf der Strecke bliebe. Wäre ich bereit, alles für einen Mann aufzugeben? Würde ich dadurch nicht vielmehr mich selbst verraten?

So sehr ich es mag, wie er mich umgarnt, für mich sorgt, und wie romantisch die Tage mit ihm auch sind. Wenn wir längerfristig unser Leben miteinander teilen möchten, werde doch ich es sein, die ihr bisheriges Leben aufgeben muss. Pedro wird das nicht tun.

Mir wird letztendlich schnell und schmerzlich klar, dass ich das nicht möchte. Die Entscheidung fällt mir auf der einen Seite schwer, denn ich möchte ihm nicht wehtun, möchte ihn nicht verlieren.

Bliebe ich aber bei ihm, müsste ich meinen Lebenstraum definitiv aufgeben. So weit soll es jedoch auf keinen Fall kommen.

Also lieber ein Ende mit Schrecken als ein Schrecken ohne Ende, denke ich mir.

Als wir uns das nächste Mal treffen, schneide ich das Thema an, versuche, ihm vorsichtig klarzumachen, dass es das letzte Mal sein würde, dass wir uns in dieser Konstellation sehen.

Pedro schaut mich lange an, und dieses Mal sehen seine Augen traurig aus.

Wunderbarerweise versteht er mich aber.

»Mir würde es ja ganz genauso ergehen, gesetzt den Fall, ich müsste auf alles, was mir wichtig ist, verzichten«, sagt er schweren Herzens.

»Ist es für dich in Ordnung, wenn ich weiterhin als Reitschülerin zu deinen Kursen komme?«, frage ich sanft.

»Ja, natürlich, ich bitte darum«, antwortet er mit mühsam angedeutetem Lächeln, und wir liegen uns ein letztes Mal in den Armen. Mit Tränen in den Augen.

Kälteschock mit Konsequenzen oder ein Pferd aus dem Gewächshaus

Mein Leben in Island geht weiter. Obwohl ich Pedro noch ein wenig nachtrauere, bin ich doch froh, diese Entscheidung getroffen zu haben.

Ich betreue meine Kunden und treffe meine Freundinnen und Freunde. Durch meine guten Kontakte zu Züchterkreisen interessiere ich mich immer mehr für Blutlinien, Vererbungslehre und bestimmte Hengste. Ich entwickle eine konkrete Vorstellung, wie mein Traumpferd auszusehen hat. Ich kann es mir zwar nicht backen, aber wer weiß, vielleicht kann ich es züchten.

Þorri, mein alter Freund noch aus der Zeit in Deutschland, ruft an und fragt, ob ich im Juli auch zum großen Pferdefest in den Osten nach Egilsstaðir komme. Er selbst wird mit Blær, seinem lackschwarzen Hengst mit prächtiger Mähne, auch dort starten.

Das lasse ich mir natürlich nicht zweimal sagen, und so mache ich mich an einem wunderschönen, sonnenüberfluteten Julitag vom Süden auf in den Osten der Insel. Das Wetter ist so warm, dass ich nur ein T-Shirt und eine kurze Hose trage. Zur Sicherheit habe ich jedoch noch eine lange Hose und einen Pullover dabei.

Ich habe mit mehreren Freundinnen abgesprochen, dass wir uns dort treffen, gemeinsam zelten und nach Monaten der harten Arbeit auch mal so richtig Party machen wollen.

Von unterwegs aus rufe ich an, um nachzufragen, ob die Ersten schon eingetroffen sind und wie die Stimmung so ist.

»Uns klappern hier die Zähne!«, jammert Hannah. »Es ist saukalt, der Boden matschig, und es schneit sogar ein bisschen. Wir ziehen uns gerade die Schneeoveralls an ...«

»Machst du Witze?«, frage ich ungläubig. »Es ist Juli! Und hier im Süden ist das beste Wetter, das man sich überhaupt vorstellen kann.«

»Das ist kein Witz, Susi«, überzeugt mich Hannah. »An deiner Stelle würde ich mir schnurstracks wärmere Kleidung besorgen. Hast du Gummistiefel dabei?«

»Gummistiefel?« Hatte ich richtig gehört?

»Ja, Gummistiefel«, bestätigt Hannah, »der Untergrund hier ist ziemlich aufgeweicht.«

Ich bin kurz vor Vík, halte dort an und kaufe mir erst mal eine warme, wasserabweisende Hose, Gummistiefel, eine Aluminiummatte, um die Bodenkälte nicht in den Schlafsack kriechen zu lassen, und noch einiges an Bier und Schnaps. Anders lässt sich so ein Fest bei diesen Temperaturen gar nicht aushalten!

Vor dem Hotel Lundi halte ich kurz an und erinnere mich an meine erste Nacht hier im Schneetreiben ohne Benzin und in großer Ungewissheit um meine Zukunft. Leider habe ich keine Zeit, die Reynisdrangar am schwarzen Strand zu besuchen. Ich winke ihnen aber aus der Ferne zu.

Zum Glück hat die Vínbúðin bei der Tankstelle noch offen. Die Vínbúðin ist der staatliche Monopolhandel für Alkohol. Die Öffnungszeiten ähneln eher denen einer Bank als denen eines Einzelhandelsgeschäfts, das Umsatz machen möchte. Witzigerweise sind die Alkoholläden außerhalb der wenigen städtischen Zentren ausgerechnet in Tankstellen untergebracht. Dies soll dabei keineswegs dazu animieren, alkoholisiert Auto zu fahren. Vielmehr gibt es in vielen Orten nur einen kleinen Laden, und der bildet eben meist eine Einheit mit der Tankstelle. Der Alkohol steht in einer Ecke hinter einem Gitter, das spätestens um sechs Uhr abends zugesperrt wird. Danach geht an diesem Tag nichts mehr.

Viele Geschäfte haben in Island am Sonntag geöffnet, auch die Tankstellenläden im ganzen Land. Nur bleibt an diesem Tag der Alkoholkäfig verschlossen. Was man am Wochenende konsumieren möchte, will davor gut eingeplant sein.

Je weiter ich in den Osten komme, umso schlechter wird das Wetter. In Egilsstaðir angekommen, ist vom Sommer wirklich überhaupt nichts mehr zu spüren.

»Da bist du ja endlich!«, werde ich von meinen Freundinnen begrüßt. »Komm, wir helfen dir gleich beim Aufbau des Zeltes, und danach ist Feiern angesagt!«

Es geht zwar schon gegen Abend, aber es bleibt um diese Jahreszeit praktisch die ganze Nacht hell.

Die meisten trinken erst mal in kleineren Gruppen in einem der Vorzelte gemütlich zusammen und glühen für die echte Party vor. Trotz der Kälte herrscht eine ausgelassene Stimmung, Bier und Brennivín, der isländische Schnaps, fließen reichlich.

»Reich mir mal noch einen ›Schwarzen Tod‹, Susi«, ruft Hannah, um die laute Musik zu übertönen. In der Zwischenzeit zwar eher als Spitzname gebraucht, war der Begriff »Schwarzer Tod« ursprünglich als Warnung des isländischen Staates vor zu viel Alkoholkonsum gedacht gewesen: Der isländische Schnaps wird aus fermentiertem Getreide hergestellt, schmeckt ein wenig nach Kümmel – und trägt ein schwarzes Etikett.

»Aber nur, wenn du mit mir anstößt«, antworte ich und bringe Hannah die Flasche.

Wir lachen und blödeln rum. Etwas später machen wir uns dann auf zum Hauptzelt, dort können wir tanzen, was bei dieser

Kälte schon fast zu einer Notwendigkeit wird, um wieder warm zu werden.

»Hört mal her, Leute«, sage ich mit ernster Miene, aber schon leicht angeheitert zu meinen Freundinnen. »Was ich heute absolut nicht möchte, wirklich absolut nicht, ist ein Pferd kaufen, okay? Ich möchte euch also bitten, gut auf mich aufzupassen, sollte ich doch in die Gefahrenzone kommen. Abgemacht?«

»Ja, klar, Susi«, lachen sie die Gefahr weg, »das wird schon, wir passen auf dich auf! Jetzt lass uns aber endlich tanzen.«

Kaum machen wir uns zum großen Festzelt auf, treffe ich auf einen guten Kunden von mir, der aus dem Westen kommt.

»Mensch, Jakob, was machst du denn hier, so weit weg von zu Hause? Schön, dich zu sehen.«

»Hallo, Susi, das ist ja eine Überraschung. Ich habe früher im Osten gearbeitet und wollte mal wieder ein bisschen Spaß haben«, antwortet er. Offensichtlich hat er eine ähnliche Menge Alkohol intus wie ich.

»Und, was ist bei dir so los?«, frage ich ihn.

Wir stehen im Matsch, und der kalte Wind ist doch recht unangenehm. Wir lassen uns davon aber nicht stören, ziehen einfach unsere Kapuzen noch tiefer ins Gesicht.

»Du wirst es kaum glauben, aber ich habe gerade eben meinen alten Pick-up gegen drei Pferde eingetauscht!«, erzählt er freudig erregt.

»Ach, das ist ja interessant«, sage ich. »Was für Pferde hast du denn für dein Auto bekommen?«

»Ja, also, ich habe die Tiere noch nicht gesehen, sie sollen aber sehr schön sein. Und eines davon ist eine schwarze Stute, die stammt von Blær ab«, freut er sich.

»Von *dem* Blær von Torfunes?« Diesen tollen Hengst kenne ich gut.

»Ja, genau.«

»Und wie sieht sie aus?«, hake ich nach.

»Tja, ich habe sie, wie gesagt, noch nicht selbst gesehen«, wiederholt er, »aber schwarz und schön, und viel Mähne.«

So weit, so gut. Blær ist jedenfalls schwarz, es kann also durchaus sein, dass seine Tochter auch schwarz ist.

Und Blær wird auch hier auf dem Vierteltreffen mit meinem Freund Þorri an den Start gehen. Darauf bin ich schon sehr gespannt. Nach meinem schlimmen Bandscheibenvorfall und dem Tod meines Vaters war Blær das erste Pferd, auf dem ich wieder reiten durfte.

»Okay«, sage ich, »und sie ist ein Jahr alt?«

»Ja.«

»Und sie steht irgendwo in Borganes oder Reykholt, oder?«

»Ja, so viel ich verstanden habe«, antwortet er geduldig.

»Mhmm ...« Ich überlege hin und her. Von diesem Hengst, der mich so beeindruckt hat, würde ich gern eine Stute besitzen. Schon länger spiele ich mit dem Gedanken, eine Stute als Reitpferd zu haben. Denn bis jetzt hatte ich ausschließlich Wallache und Hengste als Reitpferde für mich. Eine Stute von so einem Hengst wäre mal eine klasse Sache.

Ich schaue mich nach Hannah und den anderen um: Jetzt wäre es an der Zeit, mich zu retten!

Ich sehe sie jedoch nirgends mehr. Meinen Freundinnen wurde es wohl doch zu kalt, sie sind anscheinend bereits zum großen Festzelt weitergezogen.

»Was willst du denn für die Stute haben?«, frage ich Jakob einfach so geradeheraus.

»Ja, ja«, sagt er zögernd, »mach doch einfach mal ein Angebot.«

»Also wie soll ich denn jetzt hier ein Angebot machen? Du hast die Stute noch nicht gesehen, ich habe sie noch nicht gesehen. Ein Jährling von einem Hengst, der jetzt nicht wirklich ein Tophengst ist, was soll ich denn da für ein Angebot machen? Tja ...«, nuschle ich. Und dann mache ich ihm mit meinem schon leicht zugedröhnten Kopf doch tatsächlich ein, ehrlich gesagt, ziemlich unterirdisches Angebot.

»Ah«, knurrt er kopfschüttelnd, »das ist zu wenig, Susi, das ist zu wenig.«

Na ja, denke ich, ich bin ja Tierärztin. »Also, pass auf, du kriegst das Geld, und oben drauf bekommst du noch ein paar chiropraktische Behandlungen und fünf Wurmkuren umsonst. Was meinst du dazu?«, lasse ich nicht locker.

»Na, das ist doch gut, dann sind wir im Geschäft!«, sagt Jakob, und wir besiegeln unseren Deal per Handschlag.

Wow, denke ich – und uff, irgendwie ging da jetzt wohl eben was gehörig schief. Gerade noch sagte ich, dass ich auf keinen Fall ein Pferd kaufen wolle, und nur ein paar Minuten später, zack, tat ich es doch. Mein lieber Scholli, das ging jetzt aber rasend schnell.

Ich schüttle meinen benebelten Kopf und wundere mich über mich selbst: Was habe ich denn da bloß wieder angestellt?

Und wo sind meine Freundinnen eigentlich? Bestimmt im großen Festzelt und tanzen schon. Da gehe ich jetzt auch hin, und wir feiern die Nacht durch, tanzen, was das Zeug hält und vergnügen uns.

Als ich am nächsten Morgen langsam wach werde, erinnere ich mich dunkel, dass ich gestern Nacht doch tatsächlich ein Pferd gekauft habe.

»Eine Stute, die ich noch nicht einmal gesehen habe!«, sage ich zu Hannah.

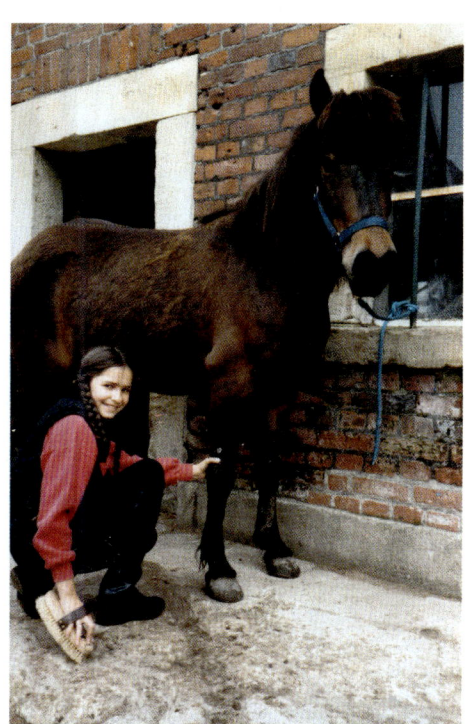

Mein erstes Islandpferd
Torfi bekam ich zu meinem
12. Geburtstag geschenkt –
Altenberge, 1984. © PRIVAT

Mit Torfi Gesamtsieger der Jugendklasse 1988 in Berlar. © PRIVAT

Besuch von meinen Eltern
auf unserem Pferdehof in
Buchholz/Aller, 1998.
© PRIVAT

Mein Papa zu Besuch in Vierhöfen, 2003. © PRIVAT

Pferdeschwimmbad in
Island, 2006. © PRIVAT

Chiropraktische Behandlung in Island. © PRIVAT

Alte Liebe rostet nicht –
Sommertrip mit Kolja in
Island, 2015. © PRIVAT

Mein Traumhaus Dvergasteinar in Stokkseyri. © Alexander Schwarz

In den Westfjorden gibt es noch echte Seemänner.
© PRIVAT

Träumen mit Tjörvi. © Sissel Tveten

Der Ausbruch des Eyjafjallajökull 2010 hatte große Folgen für Island und legte für Wochen den Flugverkehr über dem Atlantik lahm. © ALEXANDER SCHWARZ

Für Nordlichter lohnt es sich immer wach zu bleiben. © ALEXANDER SCHWARZ

Unter dem 66 Meter hohen Wasserfall Seljalandsfoss im Süden Islands befindet sich der Sage nach ein Schatz, der noch geborgen werden muss. © Alexander Schwarz

Moosbedeckte Lava und tief verschneite Berge auf der Hellisheiði, einer Anhöhe zwischen Stokkseyri und Reykjavík. © Alexander Schwarz

Der Geysir mit Namen Strokkur bricht in schöner Regelmäßigkeit aus und schießt sein heißes Wasser bis zu 35 Meter in die Höhe. © ALEXANDER SCHWARZ

Die farbenfrohe Berglandschaft des Gebiet Landmannalaugar im Süden Islands ist ein wahres Wander- und Reiterparadies. © ALEXANDER SCHWARZ

Nicht zu laut, denn mir brummt noch ordentlich der Schädel.

»Du bist mir ja eine«, sagt Hannah. »Immerhin kannst du seinem Vater Blær heute bei der Prüfung im Gæðingakeppni zuschauen.« Seit Jahrhunderten werden bei diesem Wettbewerb die Qualität und Reiteigenschaften eines Islandpferdes gemessen.

Als wir unsere schweren Köpfe aus dem Zelt stecken, sehen wir wieder Blau am Himmel. Es ist zwar noch immer kalt, aber wenigstens scheint die Sonne.

Ich hatte Blær schon bei einem anderen Turnier gesehen, und dort hatte er mich schwer beeindruckt. Dieses Mal gewinnt er mit Þorri als Reiter sogar den A-Flokkur, die schwerste Fünfgangklasse, vor der gesamten Konkurrenz aus Nord- und Ostisland. Vielleicht habe ich ja wirklich aufs richtige Pferd gesetzt.

Ich gehe zu meinem alten Freund Þorri und erzähle ihm, dass ich gestern unter etwas benebelten Umständen eine Tochter von Blær gekauft hätte und dass die Mutter wohl auch ganz okay sein solle.

»Wir können gleich nachschauen, wenn du willst«, sagt Þorri interessiert. »Ich habe eine App mit Zugang zu einer Datenbank fast aller Zuchtpferde.«

Er zückt sein Mobiltelefon, tippt, schaut und wird auf einmal sehr still.

»Was ist denn los?«, frage ich verwundert.

»Nun«, er spricht zögerlich, »wenn ich es richtig sehe, dann hat die Mutter eine relativ schlechte Eigenbeurteilung. Sie hat wohl eine ziemlich üble Prüfung hingelegt.«

»Das klingt ja nicht gerade vielversprechend«, sage ich geknickt. Jetzt bin ich schon enttäuscht. So ein schöner Hengst und dann solch eine Stute. Ich sehe meine Züchterträume von gestern Abend und nach dem Sieg von Blær schon wieder platzen.

»Immerhin habe ich ja auch nicht allzu viel für das Pferd bezahlt«, versuche ich, mich zu beruhigen. Und ich habe auch schon einen Plan.

»Eigentlich möchte ich den Jährling ja bei dir unterbringen, sodass du sie einreiten und ausbilden kannst.«

»Das ist schon in Ordnung«, meint Þorri, »du musst sie ja auch erst mal selbst sehen. Dann wissen wir mehr.«

Gesagt, getan. Ein paar Tage nach dem Turnier fahre ich mit meiner Freundin Karola im Schlepptau zu Jakob in den Westen, um ihn zu bezahlen und um mein neu erworbenes Pferd zu begutachten.

Zum Glück hat Karola ein Fläschchen Sekt zum Anstoßen eingepackt, und vielleicht ja auch noch ein zweites, falls wir uns die Wahrheit doch noch etwas schöntrinken müssten.

»Ja, da musst zu Fúsi, dem Tomatenzüchter. Denn der hat das Pferd auch gezüchtet. Du fährst also am besten zu seinen Gewächshäusern und suchst ihn dort«, erklärt mir Jakob überraschenderweise. Sachen gibt's!

Die Stute ist dann tatsächlich rabenschwarz, gar nicht menschenscheu und sieht recht gut aus.

»Sie heißt Planta«, erklärt mir Züchter Fúsi stolz.

»Planta?«, frage ich ungläubig. Planta heißt Pflanze auf Deutsch.

»Na ja«, sagt er schmunzelnd, »ich züchte eben im Hauptberuf Tomaten.«

Mein Jährling heißt also Planta! Na, immerhin ist sie das einzige Islandpferd, das diesen Namen in der Pferdedatenbank trägt.

»Ja, gut«, sage ich, vom Klang her ist es ja ein durchaus ansprechender Name, »dann organisiere ich mal einen Transport in den Norden für Planta ...«

Die Stute soll unter Þorris bewährter Obhut aufwachsen.

Jedes Mal, wenn ich auf die Mutterlinie von Planta schaue, wundere ich mich: Wie kann es nur sein, dass ein so vortrefflicher Hengst mit solch einer Stute gepaart wurde? Aber es hilft ja alles nichts. Ich hoffe, dass ich doch wenigstens ein gutes Reitpferd für mich gekauft habe, aus dem man etwas machen kann.

Das werde ich aber erst in drei Jahren wissen, wenn die Stute eingeritten werden kann.

Großwildjagd am Polarkreis

Ich erzähle Björgvin in der Klinik tags darauf während unserer Mittagspause gerade von meinem Pferdekauf, als plötzlich das Telefon läutet. Björgvin nimmt ab, ruft mich dann aber gleich hinzu.

»Susi, da ist jemand vom Isländischen Naturschutzbund dran, der dich sprechen will.«

Ich wundere mich, was wollen die denn von mir?

»Hallo, Susi«, höre ich eine Stimme am anderen Ende der Leitung, »ich bin von der Behörde, die für den gesamten Tierbestand in Island zuständig ist, und habe eine Frage. Stimmt es, dass du während deines Studiums in Hannover auch einen Schein gemacht hast, der dich zur Benutzung eines Betäubungsgewehrs bei Großtieren berechtigt?«

»Ähm, ja«, sage ich verdutzt. Wie kann das denn die Runde bis nach Island machen?

Damals im Studium hatten wir in der alten Anatomiehalle mit Luftgewehren auf Zielscheiben geschossen, angemalte Strohballen, um die Situation zu simulieren. Ich wundere mich, was das denn jetzt soll. Normalerweise gehen Isländer ganz unkompliziert an das Thema heran, wenn es Probleme mit Tieren gibt.

»Die Sache ist die«, erklärt mir der Beamte, »im Nordwesten wurde ein Eisbär auf einer Scholle gesichtet, der wahrscheinlich an Land gegangen ist.«

In Island leben keine Eisbären, außer sie werden eben auf einer Scholle durch die Strömung von Grönland ein paar Hundert Kilometer bis nach Island getrieben. Dann sind sie ziemlich hungrig und die Bauern zurecht einigermaßen besorgt um ihre Schafe und

Pferde. Aber auch um ihre Familie und sich selbst. Mit so einem Eisbären, zumal ausgehungert, ist schließlich nicht zu spaßen.

»Wir dürfen den Eisbären aber nicht einfach abschießen – sie stehen unter Naturschutz.«

Aha, so langsam wird mir die Sache klar.

»Und wir dachten, da könnest du uns vielleicht helfen.«

»Ich bin mir nicht so sicher, ob ich da wirklich die Richtige bin«, sage ich. In Gedanken wäge ich den Unterschied zwischen unbeweglichen, bemalten Strohballen und einem rasenden, ausgehungerten Eisbären ab. »Ich habe, seitdem ich diesen Schein gemacht habe, nie mehr ein Betäubungsgewehr in der Hand gehabt. Außerdem ist das nicht so ohne. Denn der Eisbär muss betäubt werden, wenn er bereits an Land ist. Ist er noch auf der Scholle, und die Muskeln erschlaffen, rutscht er ins Wasser und ertrinkt. Verpassen wir ihm hingegen das Betäubungsmittel, wenn er an Land ist, und er flüchtet sich, ausgelöst durch den Schock, wieder zurück auf die Scholle, droht ihm dasselbe. Und was habt ihr eigentlich mit dem Eisbären vor, wenn wir ihn erst mal gefangen haben?«

»Wir haben uns gedacht, dass wir ihn dann in den Tierpark nach Reykjavík bringen. Das wird bestimmt eine Riesenattraktion.«

»Aber da gibt es doch gar keinen richtigen Käfig für das Tier«, wende ich ein, »und außerdem braucht der auch jede Menge Futter. Ihr habt dort zwei Ziegen, zwei Schafe, eine Kuh, ein Pferd und eine Handvoll Hühner und Enten und ein paar Seehunde. Davon könnte der Eisbär höchstens eine Woche satt werden. Da kann ich wirklich nur den Kopf schütteln.«

»Ja«, meint er, »da hast du recht. Da müssen wir wohl noch genauer darüber nachdenken, wie wir das dann machen.«

Ich fühle mich bei der ganzen Sache nicht wohl.

»Also, ich weiß nicht«, sage ich, »vielleicht solltet ihr euch doch nach jemand anderem umschauen. Gibt es hier im ganzen

Land weit und breit keinen Tierarzt, der den Job übernehmen könnte?«

»Ich fürchte, nein«, meint mein Gesprächspartner leicht resigniert. »Aber ich schaue mich mal weiter um. Danke jedenfalls für deine erste Einschätzung.«

Die Geschichte der »Eisbären-Invasionen« in Island ist ein höchst spannendes Thema: 1917/18 etwa war der kälteste Winter in Island im ganzen letzten Jahrhundert, die Temperaturen in Reykjavík lagen bei minus zwanzig Grad. In jenem Jahr gab es daher sehr viel Treibeis und Eisschollen in Nordisland, die sich an den Küstenstreifen der Fjorde ansammelten. Die Meeressäugetiere hatten einen harten Winter, einige große Wale wurden in der großen Eisbär-Bucht von Húnaflói und im Fjord von Eyjafjörður sogar vom Eis eingeschlossen. Eisbären folgen gern dem Treibeis, und in den Wintermonaten 1917/18 wurden deshalb sage und schreibe 27 Eisbären gezählt, die an Land gingen. Darüber wurde damals viel und ausführlich in den Zeitungen berichtet. Die Bewohner Nordislands waren sehr auf Nachbarschaftshilfe im Kampf gegen die weißen Riesen angewiesen. Die Waffen, mit denen sich die Isländer der Raubtiere erwehren mussten, waren meist handgemachte Speere und einfache Werkzeuge. Daher fielen die Kämpfe manchmal durchaus auch zugunsten der hungrigen Bären aus.

So eine Situation will man nun in jedem Fall vermeiden. In Island sind Schusswaffen allerdings verboten. Die einzige Ausnahme ist die Polizei, die ihre Schusswaffen normalerweise aber in einem speziellen Waffenschrank aufbewahrt, der nur dann aufgeschlossen wird, wenn es wirklich nötig ist. Des Weiteren haben auch die Mitglieder der Küstenwache Schusswaffen an Bord. Jäger brauchen eigens eine Genehmigung für Jagdgewehre. Die haben aber wiederum alle keine Ahnung, was es bei Betäubungsschüssen alles zu beachten gilt.

Darum gestaltet sich die Suche nach einem geeigneten Betäubungsschützen auf der Insel so schwierig.

»Hast du das in der Zeitung gelesen?«, fragt mich Björgvin ein paar Tage später. »Sie haben einen Tierarzt mitsamt Eisbärenkäfig aus Dänemark eingeflogen. Der ist aber unverrichteter Dinge wieder zurückgekehrt. Sie mussten den Eindringling letztendlich wohl doch erschießen. Zum einen war er zu gefährlich für die Bevölkerung, zum anderen galt es als zu ungewiss, ob sie ihn hätten retten können.«

»Ja, ich dachte mir schon, dass das eine verzwickte Angelegenheit ist«, erwidere ich und bin froh, dass ich mich nicht darauf eingelassen habe.

Eigentlich finde ich Herausforderungen immer reizvoll. Aber mit einem Betäubungsgewehr auf einen ausgezehrten Eisbären zu schießen, wo noch gar nicht klar ist, was danach mit ihm passieren soll, wäre dann doch selbst für mich zu viel Abenteuer.

Von Grenzgängen und Gegenwind

Es ist März, in Deutschland beginnt schon der Frühling, meine Mutter hat mir am Telefon freudig erzählt, dass die Krokusse bereits vollauf und die Obstbäume bereits vorsichtig blühen.

Hier in Island hat es nur wenige Grad über dem Gefrierpunkt, wenigstens an den wärmeren Tagen. Es liegt noch immer Schnee in Kópavogur und Reykjavík, an den Rändern der Supermarktparkplätze von Baggern aufgetürmt zu meterhohen Bergen. Die Straßen sind vereist, der Himmel grau. Mir geht es wie den meisten: Ich lechze regelrecht nach dem Frühling, nach blauem Himmel, nach etwas Grün in der Natur, nach einer milden Brise statt einem mir sprichwörtlich ins Gesicht schneidenden Wind.

Aber einen Frühling gibt es im isländischen Kalender nicht, genauso wenig wie einen Herbst. Das Wetter ändert sich meist erst Ende April oder Anfang Mai schlagartig, und dann wird es auch ziemlich schnell Sommer. Bevor Ende August, Anfang September das Wetter dann wieder umschlägt und in den meisten Landesteilen das Weiß die Oberhand gewinnt.

Ich sitze mit Björgvin in der Klinik. Wir gehen die Fälle der Woche durch.

»Das ist ja schon auffallend«, meine ich. »Du hattest also im Norden einige Pferde mit den gleichen Symptomen wie ich bei mehreren Pferden im Süden?«

»Ja, so sieht es aus«, sagt Björgvin. »So einen zähen Nasenausfluss hatten wir bisher hier noch nie.«

»Sonderbar«, überlege ich. »Meinst du, das kann auf eine Influenza hindeuten?«

»Nein, das kann nicht sein«, antwortet Björgvin selbstsicher. »Wir haben hier keine Influenza. Außer Hunde und Katzen dürfen keine anderen Säugetiere nach Island importiert werden. Und die müssen auch zunächst in eine vierwöchige Quarantäne.«

Abgesehen von den verirrten Eisbären, denke ich im Stillen.

»Da hast du recht«, nicke ich zustimmend, »und nicht mal die Pferde dürfen wieder zurück, wenn sie einmal das Land verlassen haben.«

»Deshalb haben wir auch kaum ansteckende Krankheiten in Island und impfen die Pferde nicht. Wir haben nicht mal Impfstoff im Land.«

»Wir sollten das gut beobachten, Björgvin, das könnte doch eine Epidemie werden«, befürchte ich.

Ein paar Tage später werden immer mehr Fälle gemeldet, die Pferde weisen alle identische Symptome wie Husten und starken Nasenfluss, teilweise sogar Fieber auf.

»Diese Symptome zeigen sich jetzt schon an so vielen Orten verteilt im ganzen Land. Ich glaube, diese Krankheit ist hochgradig ansteckend, und ich fürchte, dass es eine Virusinfektion ist. Was meinst du?«, frage ich Björgvin.

»Da könntest du schon recht haben, Susi«, meint er.

Bei mir klingeln die Alarmglocken. Wenn es sich hierbei wirklich um eine Virusinfektion handeln sollte, und meiner Meinung nach sieht es ganz danach aus, muss sofort ein Notfallplan her, und wir sollten unverzüglich handeln. Jedenfalls kenne ich das so aus Deutschland, wo es für diese Fälle tierärztliche Gesetze gibt und die Besitzer ihre Pferde unter Quarantäne in den Ställen lassen.

Ich rufe die Veterinärbehörde an und werde mit der zuständigen landesweiten Amtsleiterin für Pferde verbunden. Ich erkläre ihr die Situation – und dass ich planen würde, bestimmte Arzneimittel im Ausland zu bestellen, die das Immunsystem der Tiere aktivieren, sodass sie besser gegen die Ansteckungsgefahr geschützt wären. Für diese Arzneimittel brauche ich aber eine Sondergenehmigung. Denn die Einfuhr von Medikamenten auf die Insel ist strikt reglementiert.

Die Amtsleiterin, eine Tierärztin, die diesen Posten schon längere Zeit innehat, hört mich an und widerspricht mir nicht.

Kurze Zeit später erhalte ich die Sondergenehmigung und bestelle die Medikamente im Ausland. Doch zwei Tage später erreicht mich ein Brief, dass die Sondergenehmigung aufgrund eines Einspruches eben jener Amtsleiterin für Pferde zurückgezogen worden sei.

»Was soll denn das jetzt?«, frage ich Björgvin verärgert.

»Ja, ja ...«, wieder lang gezogen und zögernd dieses Mal, »die Amtsleiterin scheint eine andere Meinung zu haben als du.«

»Aber das ist doch nicht möglich. Die Symptome sind charakteristisch, der Verlauf und die Verbreitung der Krankheit weisen eindeutig auf eine Virusinfektion hin!«

»Tja, sie meint wohl, dass es sich um eine bakterielle Entzündung handle und die Pferde weiterhin reisen dürften und auch die Prüfungen landauf, landab weiterhin stattfinden sollten. Sie hat zudem mitgeteilt, dass die Situation unter Kontrolle sei«, teilt mir Björgvin in seiner ruhigen Art mit. Ich verstehe die Welt nicht mehr und will handeln.

Bei einigen Pferden entwickelt sich in der Folgezeit über den Nasenausfluss hinaus auch eine starke Bronchitis, manchmal bis hin zur Lungenentzündung. Die ersten Pferde sterben sogar an der Krankheit. Besonders die neugeborenen Fohlen sind anfällig. Die Besitzer und die Züchter werden immer unruhiger.

Von Anfang an stehe ich in Kontakt mit deutschen, österreichischen und Schweizer Kollegen. Ich mache Eingaben beim Veterinäramt, wie man die Epidemie vielleicht noch stoppen oder wenigstens eindämmen könne. Ich übermittle dem Amt die Meinung angesehener europäischer Kollegen. Aber alle meine Eingaben werden verworfen. Was ich auch versuche, alles wird abgeschmettert.

»Susi«, mahnt Björgvin, »pass auf, dass du dich da nicht reinsteigerst und einen Feldzug führst, den du nicht gewinnen kannst.«

»Aber Björgvin, ich muss doch die Pferde schützen, und ich weiß, dass ich recht habe. Was die Behörde da gerade macht, ist für die Tiere lebensbedrohend.«

»Ich weiß«, sagt er, »aber vielleicht spielen da ja auch noch andere Interessen im Hintergrund mit ...«

»Mensch, Björgvin«, rede ich mich in Rage, »das einzige Ziel sollte doch sein, dass die Pferde gesund bleiben!«

»Schau, dieses Jahr soll wieder ein Landsmót stattfinden, da geht es um viel Geld, und da überwiegen dann auf einmal andere Interessen.«

Ich bin wütend. Und machtlos. Und diese Machtlosigkeit macht mich noch wütender.

In meinem Streben für das Wohlergehen der Pferde übersehe ich, was Island im Innersten zusammenhält. Die Familienbande hier sind überaus stark. Und bei rund 367.000 Einwohnern ist man nie mehr als über sechs Ecken miteinander verwandt. Nun möchte ich zwar niemandem etwas unterstellen, aber es kam und kommt immer noch vor, dass anlässlich von Familientreffen beim sonntäglichen Kaffeekränzchen strategische Gespräche geführt werden, wie die einzelnen Familienmitglieder dank ihrer Positionen eher den Interessen der Großfamilie als denen des Landes dienen können.

Da spielen mitunter Kräfte eine Rolle, über die in der Gesellschaft nicht offen geredet wird. Und dann ist die Situation auf einmal so, wie sie ist, da wird nicht nachgefragt, sondern geschwiegen. Denn schließlich vertrauen die Isländer ja auch immer darauf, dass irgendwie alles am Ende wieder gut wird.

Ich habe anscheinend in ein Wespennest gestochen, ohne es zu bemerken. Ich verhalte mich eher unisländisch, weil ich die Missstände offen anspreche und dann auch noch Fachleute aus dem

Ausland miteinbeziehe. Das nehmen mir die Amtsleute und einige andere Tierärzte wohl übel. Isländer sind gewohnt, so etwas unter sich und am besten unter Ausschluss der Öffentlichkeit zu regeln.

Ich werde von verschiedenen Seiten verbal attackiert, und das Veterinäramt verpasst mir praktisch einen Maulkorb. Nur aus dem Ausland erfahre ich sehr viel Unterstützung.

Gemeinsam mit befreundeten Tierärzten nehmen wir Blutproben und machen Abstriche aus den Nasen. Ich schicke sie an Laboratorien in Deutschland und lasse sie auswerten.

Dann steht die reguläre Jahrestagung der isländischen Tierärztevereinigung an. Dort sind praktisch alle praktizierenden Tierärzte Islands zusammengeschlossen.

Endlich kann ich meinen Kollegen meine ersten Untersuchungsergebnisse aus den internationalen Laboren mitteilen, sodass wir einen Weg finden können, die Krankheit effektiv einzudämmen.

»Wie kann das sein?«, frage ich Björgvin, nachdem ich eines Tages meine Post geöffnet habe. »Die verwehren mir doch tatsächlich das Rederecht! Die verbieten mir, dass ich meine Forschungsergebnisse dort vorstellen kann.« Ich bin außer mir.

»Das kann doch nicht wahr sein!«, sagt Björgvin und nimmt sein Telefon in die Hand.

Er ruft eine befreundete Journalistin an, die das Thema sofort aufgreift.

Wohl erschrocken von den journalistischen Nachfragen und dem öffentlichen Interesse rudert die Vereinigung daraufhin zurück. Wenigstens ein Stück weit: Schließlich bekomme ich eine 15-minütige Vortragszeit eingeräumt. Allerdings mit der Auflage, dass dieser Vortrag nicht in die Tagesordnung mit aufgenommen wird.

Ich bin schockiert über so viel Gegenwind, der mir da ins Gesicht bläst oder – besser schon – stürmt. Mir liegt nur am Herzen, dass ich über die Situation aufklären und so helfen kann, das Krankheitsgeschehen unter Kontrolle zu bringen.

Die dringendsten Fragen lauten: Wie breitet sich die Krankheit aus, gibt es Ergebnisse, um welchen Erreger es sich handelt, und was können wir tun, um die Situation so schnell wie möglich in den Griff zu bekommen? Welche Behandlungsmöglichkeiten existieren, was können wir eventuell aus dem Ausland übernehmen, gibt es noch Notfallmedikamente, die wir einführen können? Wie müssen wir uns verhalten, was Quarantänemaßnahmen betrifft? Eine Menge Fragen, die ich besprechen möchte, in deren Zusammenhang es mir bisher aber so vorkommt, als ob ich gegen Wände laufen würde.

Viele Tierärzte reagieren für mich vollkommen unverständlich, aber eben auch typisch isländisch: »Ja, Susi, da hast du ja wahrscheinlich schon recht, aber wir haben gerade keine Zeit und Energie, uns da zu engagieren. Das wird schon alles irgendwie laufen und wieder abklingen.«

Befreundete Tierärzte haben mich von vornherein gewarnt, keinen Alleingang zu starten. Das war zwar absolut nicht meine Intention, nur wurde es dann leider ziemlich schnell genau solch ein Alleingang. Ich beiße auf Granit, werde von fast allen im Stich gelassen. Dabei ist es so offensichtlich, was vom medizinischen Standpunkt aus gerade vor sich geht.

»Es geht hier halt nicht nur um die medizinische Seite«, meint etwa Einar, der Chef d'Équipe bei den Weltmeisterschaften, als ich ihn anrufe und ihm die Situation erkläre, in die ich da geraten bin.

Seit der ersten Weltmeisterschaft, bei der ich als Tierärztin mitfahren durfte, haben wir uns immer besser und enger miteinander angefreundet. Auch jetzt hält Einar, genauso wie Björgvin, in dieser Frage zu mir. »Hier sind wirklich andere Mächte im Spiel. Da sind Leute, die haben handfeste finanzielle oder sonstige Interessen, und die solltest du besser nicht stören.«

»Ich versteh dich nicht, Einar, es geht hier doch um die Gesundheit der Pferde, oder etwa nicht?«, wundere ich mich.

»Susi, vielleicht haben wir es hier ja mit einem typisch isländischen Phänomen zu tun. Vielleicht kennst du das so aus Deutschland nicht, aber ich sage dir, du wirst es in diesem Punkt nicht schaffen, dich durchzusetzen.

Ihr Deutschen versucht stets, die Dinge bis auf den tiefsten Grund zu durchleuchten. So läuft das hier nicht. Irgendwann ist es auch mal gut, und man belässt die Dinge halt so, wie sie sind. Wir sind hier auf einer Insel mit ziemlich wenigen Bewohnern, da trifft man sich immer mehr als zweimal im Leben und muss schauen, dass man miteinander auskommt. Eine Auseinandersetzung auf Biegen und Brechen ist dem eher nicht dienlich.«

»Ich kann aber einfach nicht anders, verstehst du? Das geht gegen alle meine Prinzipien und widerspricht auch meinem Eid als Tierärztin«, antworte ich, fast schon verzweifelt. Auf welchem Planeten bin ich hier nur gelandet?

Immerhin erhalte ich dann nach meinem Vortrag auf der Tierärztetagung doch einiges an positivem Feedback, von Kollegen, Virologen und auch meinen Kunden, den Besitzern und Züchtern. Vor allem Letztere sind aber wegen der Berichterstattung und der Mitteilungen, die in der Presse veröffentlicht wurden, immer stärker verunsichert.

Trotz allem werden noch immer keine Quarantänemaßnahmen eingeleitet, die zuständigen Stellen wollen mich nicht mal anhören. Noch immer nicht. Obwohl sich die Krankheit jetzt schon einige Zeit hinzieht und immer mehr verbreitet.

Schließlich sind 80.000 von 80.000 Pferden in Island, sprich alle, infiziert. Kein einziges entkommt der Krankheit. Viele Pferde, vor allem Fohlen, sterben. Aber immer noch beharrt die Veterinärbehörde auf ihrer Meinung, dass es sich nur um eine bakterielle Erkrankung handle, spielt die Zahl der Todesfälle herunter und hält daran fest, dass das Landsmót im Sommer stattfinden könne.

Ich tue, was ich kann, um meine Kunden zu informieren und ihnen zu helfen, die richtigen Maßnahmen zu ergreifen.

Ich merke aber auch, wie ich an meine Belastungsgrenze komme. Auf der Fahrt zwischen zwei Behandlungsterminen in Ställen vor Ort stelle ich mein Auto auf dem Seitenstreifen ab. Ich kann nicht mehr, bin total erschöpft.

Wie kann es denn nur sein, dass ich in dieser Sache so allein kämpfen muss? Ich fühle mich wie die Ruferin im Wald. Bin ich etwa ein weiblicher Don Quichotte, der gegen Windmühlen kämpft, dem keiner zuhören will, obwohl ich weiß, dass ich recht habe, weil die Untersuchungsergebnisse schlicht und ergreifend keine andere Auslegung mehr möglich machen?

Hat Björgvin mit seiner Einschätzung doch recht? Geht es hier noch um etwas ganz anderes? Etwas, das ich als nicht hier Geborene und Aufgewachsene nicht sehen und verstehen kann, weil ich es nicht mit der Muttermilch eingesogen habe? Ich versuche, mir damit Mut zu machen, dass die wissenschaftlichen Untersuchungen eine eindeutige Sprache sprechen und dass dies irgendwann auch das Veterinäramt einsehen und entsprechend handeln muss.

Tatsächlich liegt der Pferdehandel mit dem Ausland praktisch still. Welcher Pferdebesitzer kauft denn auch ein krankes Pferd und stellt es sich in den Stall zu seinen anderen – gesunden – Pferden, ganz zu schweigen davon, dass man ja noch nicht einmal weiß, was die Krankheitssymptome verursacht.

Außerdem musste das Landsmót in der Zwischenzeit doch abgesagt werden, was für viele im Pferdesektor einen großen finanziellen Aderlass bedeutet.

Vielleicht weht also doch daher der Wind? Hier geht es offenbar um das große Geld, nicht um die Pferde. Das ist die Wand, gegen die ich stände anlaufe, denke ich mir. Die Wand der Geldgierigen und Schamlosen, die Wand der über Pferdeleichen Gehenden. Die Wand der Unter-den-Teppich-Kehrer, die so lange noch versuchen, Geschäfte zu machen, bis es nicht mehr anders geht, auch wenn man selbst schon lange weiß, dass es unverantwortlich ist.

Jetzt wird mir einiges klarer.

Das bedeutet aber noch lange nicht, dass damit den Pferden geholfen wäre.

Über einige Ecken höre ich, dass sich einige Tierarztkollegen über die Meinung, die ich in dieser Sache habe, und mein Handeln diesbezüglich schriftlich bei der Behörde beschwert haben.

Manifest werden diese Gerüchte, als ich eines Abends nach Hause komme und den Briefkasten öffne. Die oberste Veterinärbehörde lässt mir eine Klage zustellen, in der sie erklärt, dass ich aufgrund des Verbreitens von Falschinformationen zu einem Großteil am Ausmaß der Krankheit schuld sei. Nur deshalb sei es erst zu diesem großen wirtschaftlichen Schaden im Pferdesektor gekommen. Die ganze Branche habe unter meiner falschen Darstellung zu leiden, und vor allem die Exporteure haben dadurch große Verluste erlitten.

Das Schreiben trifft mich wie ein Schlag, mein Herz rast. Wie unverfroren ist das denn? So viel Zeit, so viel Geld, so viel Herzblut habe ich in diese Sache gesteckt. Und dann wird mir so etwas vorgeworfen! Ich kann es nicht fassen.

Die wollen mich mundtot machen, vielleicht sogar des Landes verweisen. Für die bin ich wohl tatsächlich die Kontrahentin, die sich nicht an ihre Regeln hält.

Ich fühle mich furchtbar einsam, setze mich zu Hause auf mein Sofa, kauere mich zusammen und weine.

Ich bin völlig erschöpft von der vielen Arbeit im Kampf gegen dieses Virus, von dem Starrsinn der Verantwortlichen, denen es ganz offensichtlich nicht um das Wohl der Pferde geht, sondern um wirtschaftliche Interessen.

Ich bin allein auf weiter Flur, möchte am liebsten in den nächsten Flieger nach Deutschland steigen und nie mehr zurückkommen. Hier zerplatzt wohl gerade mein Lebenstraum. Ich muss in Deutschland von Neuem anfangen, schießt es mir durch den Kopf, muss mich von Island, das ich auf einmal von einer so ganz anderen, dunklen Seite kennenlerne, verabschieden.

Wie konnte es nur so weit kommen? Was habe ich nur falsch gemacht? Ich zermartere mir mein Hirn, versuche zu verstehen und kann doch nur ungläubig staunen, was hier um mich herum geschieht.

Ich rufe Björgvin an, noch immer in Tränen aufgelöst, und schildere ihm kurz, was Sache ist.

»Das geht ja wohl entschieden zu weit!«, ist seine deutliche Antwort, die mich gleich auch wieder etwas beruhigt. Ganz allein bin ich also doch nicht.

»Lies mir den Brief mal vor.«

Das mache ich. Als ich fertig bin, lässt Björgvin deutlich hörbar die Luft durch seine aufgeblähten Backen entweichen.

»Okay, Susi, ich kenne da eine Anwältin, die rufe ich jetzt gleich mal an«, schlägt er vor. »Iss kurz einen Bissen, und danach setzt du dich ins Auto und kommst in die Praxis. Dann besprechen wir das alles in Ruhe.«

Ich bin froh darüber, dass Björgvin meine Verzweiflung so ernst nimmt, packe meinen Autoschlüssel und fahre wieder in die Praxis. Als ich ankomme, ist die Anwältin schon da. Ich zeige ihr den Brief.

»Gut«, sagt sie, nachdem sie das Schriftstück sorgfältig gelesen hat, »meiner Meinung ist das alles halb so wild. Es geht hier nicht um eine Klage vor einem ordentlichen Gericht, sondern um die Ethik-kommission der Tierärztevereinigung.«

»Und was bedeutet das jetzt?«, frage ich, vollkommen am Boden zerstört. Ich finde das immer noch schlimm genug, aber wenigstens sickert es bei mir langsam durch, dass es hier nicht wirklich um harte juristische Maßnahmen geht. Sehr wohl aber immer noch um meine Zukunft, wenigstens in Island. Mir wird klar: Hier stehen meine Ehre und Integrität als Tierärztin auf dem Spiel.

Bei diesem Gedanken verwandeln sich meine Verzweiflung und Traurigkeit langsam in Wut. Was denken die bei der Behörde eigentlich? Was soll das von den Kollegen, die doch am ehesten wissen müssen, was für einen Mist sie da verzapfen!

Oh nein, so leicht lasse ich mich nicht unterkriegen. Dann muss ich jetzt halt gegen diese Klage vorgehen.

»Und auch wenn die Ethikkommission dich verurteilen würde, so haben sie keinerlei Handhabe, dir die Approbation als Tierärztin abzuerkennen, keine Bange«, sagt die Juristin. »Hier geht es nur um die Ethikkommission der Tierarztvereinigung. Das ist bei Lichte betrachtet einfach ein Gremium von Mitgliedern, aber ohne jegliche juristische oder exekutive Macht. Meiner Meinung ist das alles ziemlich aufgeblasen und dient eigentlich nur dazu, dir Angst einzujagen.«

»Das ist ihnen im ersten Moment ja auch gelungen«, gebe ich kleinlaut zu. »Ich habe heute Abend wirklich kurz mit dem Gedanken gespielt, von hier wegzuziehen.«

»Dann bin ich ja froh, dass du mich gleich angerufen hast, Susi«, sagt Björgvin. »Es wäre doch wirklich eine Schande, wenn diese Typen so viel Macht über dich bekommen würden.«

»Wenn ich das richtig sehe«, schaltet sich die Juristin wieder ein, »ist das eigentlich eine sehr randbezogene Klageschrift. Sie wollen die Sache bei der Ethikkommission verhandeln. Das ist ja wohl eher ein Nebenschauplatz.«

»Ich weiß nicht«, sage ich, »ich vertraue diesen Typen nicht mehr. Die haben doch schon entschieden, egal was ich da vorbringe.«

»Jetzt warten wir mal ab, wie die Sache läuft«, sagt Björgvin. »Ich unterstütze dich auf jeden Fall.«

Ich beauftrage die Anwältin, mich zu vertreten.

Die anberaumte Sitzung findet im kleinen Kreis statt. Wie schon geahnt, hören sie meinen Argumenten, die ich ganz präzise formuliere und wissenschaftlich belege, nicht wirklich zu.

Letztendlich halten sie mich nach kurzer Beratung dazu an, dass ich mich bei den Behörden und den Pferdebesitzern im ganzen Land für mein Tun entschuldigen solle. Dieses Urteil der Ethikkommission der Tierärztevereinigung wird auch veröffentlicht.

Nach dem Urteil beraten wir wieder zu dritt.

»Ich werde mich selbstverständlich nicht entschuldigen«, betone ich gleich anfangs. »Für was denn, dass ich recht behalten habe? Das geht mir einfach zu weit. Solchen Wahrheitsverdrehern werde ich mich nicht beugen! Auf keinen Fall.«

»Wieso denn nicht? Mach es doch einfach, dann bist du von dem ganzen Theater erlöst und kannst wieder nach vorn schauen«, gibt Björgvin da zu bedenken.

»O nein!«, ich bin auf hundertachtzig. »Jetzt habe ich so lange für meine Position gekämpft, da gebe ich jetzt ganz sicher nicht noch klein bei. Keine Chance!«

»Vergiss auch deine Kunden nicht, Susi«, gibt er noch zu bedenken. »Die lesen alle dieses Urteil. Wie werden sie reagieren? Vielleicht verlierst du viele Kunden angesichts des ganzen Schlamassels.«

»Das glaube ich eigentlich nicht, Björgvin«, beruhige ich mich langsam wieder. »Ich denke, eher im Gegenteil. Wenn ich mich jetzt, gegen meine Überzeugung, bei ihnen entschuldige, dann sage ich doch praktisch, dass ich ihnen die ganze Zeit über Bockmist erzählt habe. Und das habe ich nicht.«

»Okay, das sehe ich ein«, sagt Björgvin. »Wie geht es jetzt also weiter?«

Er schaut zur Anwältin hinüber, die unserem Gespräch bisher still zugehört hat.

»Ich glaube«, sagt sie gedehnt nach längerem Nachdenken, »dass es da womöglich eine Lösung gibt, wie du aus der Sache rauskommst, *ohne* dich entschuldigen zu müssen ...«

Björgvin und ich sind nun ganz Ohr.

»Schaut, die Tierärztevereinigung ist eigentlich nichts anderes ein als privater Verein. Zur Ausübung deines Berufs ist es vielleicht ganz nett und kann es unter Umständen zuweilen auch recht hilfreich sein, dort Mitglied zu sein. Diese Mitgliedschaft ist aber freiwillig. Es gibt kein Gesetz, dass dich auch nur im Mindesten dazu verpflichten würde, Mitglied dieses Vereins zu sein, um deinen Beruf auszuüben. Du kannst dann zwar nicht mehr auf das Netzwerk und die eventuellen Leistungen des Vereins zurückgreifen. Aber das ist im Falle eines Austritts dann auch schon alles«, führt sie aus.

»Wenn ich dich also richtig verstehe«, denke ich ihren Vorschlag weiter, »kann ich einfach aus diesem Verein ausscheiden und brauche mich dann auch nicht mehr an den Spruch dieser unethischen Ethikkommission zu halten. Korrekt?«

»Genau«, sagt sie mit einem breiten Lächeln.

Björgvin atmet erleichtert auf.

»Prima«, sage ich, »dann schreibe ich noch heute einen Brief, dass ich meine Mitgliedschaft mit sofortiger Wirkung kündige!«

Zwei Seelen wohnen, ach! in meiner Brust

Týra, meine kleine Islandspitz-Mischlingshündin, habe ich nach meinem tiermedizinischen Praktikum, welches ich 1995 in einer Tierklinik in Akureyri absolvierte, mit nach Deutschland genommen. Seit ich nach Island ausgewandert bin, lebt sie bei meiner Mutter. Seitdem sehe ich sie nur noch, wenn ich im Urlaub oder auf Kongressen in Deutschland bin. Weil Týra an Epilepsie leidet, habe ich es nicht gewagt, ihr die vorgeschriebenen vier Wochen Quarantäne bei der Einreise nach Island zuzumuten. Und dennoch nagt ständig das schlechte Gewissen an mir, sie zurückgelassen zu haben. Und natürlich vermisse ich sie auch so sehr, wenn ich allein in meiner Souterrain-Wohnung sitze.

Ich bin gerade als Wettkampfrichterin auf einem Sommerturnier in Deutschland, als meine Mama sich bei mir meldet und sagt, dass sich Týra immer weniger bewege. Es fühle sich aber nicht so an, als ob sie faul werde, nein, eher so, als ob etwas nicht so ganz in Ordnung sei mit ihr.

Diese Nachricht beunruhigt mich. Ich habe eine besondere Verbindung zu dieser Hündin, die ich vor mehr als 14 Jahren vor dem Welpentod rettete und die mir immer treu überallhin folgte. Týra sollte damals eingeschläfert werden, weil die neuen Besitzer den winzig kleinen Welpen nach kurzer Zeit doch nicht mehr haben wollten. Meine Klinikleiterin in Akureyri erklärte mir damals, dass es in Island keine Tierheime gebe und ungewollte Mischlingswelpen auf Bauernhöfen meist von den Farmern selbst erschlagen oder ertränkt werden, um Tierarztkosten zu sparen. Ich war fassungslos, schnappte mir den kleinen schwarz-weißen Welpen mit den Knopf-augen vom Behandlungstisch und verschwand nach draußen. Von da an waren Týra und ich unzertrennlich, bis ich 2005 beschloss, nach Island zu gehen.

Und nun scheint etwas mit ihr nicht zu stimmen, was mich doch sehr beunruhigt.

Sobald das Turnier vorbei ist, fahre ich deshalb zu meiner Mama und der kleinen Týra.

Schon bei kürzeren Spaziergängen scheint sie Atemnot zu be-kommen. Das sieht wirklich nicht gut aus. Ich bringe sie daher in eine Spezialklinik für Kleintiere. Als mir der Kollege die Röntgen-bilder der Lunge zeigt, braucht er mir nichts mehr zu erklären, auch wenn ich es nicht wahrhaben will. Der Krebs hat einen Großteil des Atmungsorgans schon weggefressen, da besteht schlicht und er-greifend keine Chance mehr auf Heilung.

»Wenn Sie möchten, schläfern wir sie hier gleich ein, dann ist sie erlöst«, meint der Kollege.

»Nein«, sage ich, »die Kleine liegt mir so am Herzen, ich würde das gern zu Hause selbst tun, das bin ich meiner Týra schuldig.«

Ich nehme sie also wieder mit, um noch ein paar Tage mit mei-ner geliebten Hündin zusammen sein zu können. Solange sie noch frisst und ansprechbar ist und nicht zu große Schmerzen hat, möch-te ich ihr noch ein paar schöne Stunden ermöglichen. Warum habe ich sie nicht doch damals mit zu mir nach Island genommen? Mein schlechtes Gewissen quält mich, aber jetzt ist es zu spät. Týra ist gerade 15 Jahre alt geworden, ein Alter, das nicht viele Hunde er-reichen. Sie bekommt mehrmals täglich von mir Schmerzmittel ge-spritzt. Doch jedes Mal muss ich die Dosis erhöhen.

Die letzte Nacht verbringe ich mit Týra gemeinsam auf dem Fuß-boden, da sie unruhig ist und nach irgendetwas zu suchen scheint.

Wir finden beide kaum Schlaf. Ich bin so traurig, leer und erschöpft, und mir ist klar, welcher Schritt mir nun bevorsteht.

Am Morgen kann sie kaum noch gehen. Týra ist nicht mehr richtig anwesend, sieht traurig und müde aus. Mama und ich streicheln sie, versuchen, sie zu trösten. Ich weiß, dass der Zeitpunkt gekommen ist und wir den Tatsachen ins Auge schauen müssen. Die Hunde-Mami in mir weint, die Tierärztin in mir weiß aber, dass es für die Hündin eine Erlösung sein wird, wenn ich sie einschläfere.

»Mama«, sage ich leise, »das klingt jetzt sehr hart, aber es ist Zeit ... Wo ist der Spaten?«

In solchen Situationen habe ich als Tierärztin gelernt, praktisch zu denken. Das hat nichts mit emotionaler Kälte zu tun, sondern einfach nur damit, die Realität zu akzeptieren. Und da wir Týra bei meiner Mama im Garten begraben und nicht einfach zur Tierkörperbeseitigung bringen wollen, wo sie dann anonym verbrannt wird, bedarf es jetzt dieses Geräts, ob es mir gefällt oder nicht.

Der entsetzte Blick meiner Mama spricht Bände, aber dann begreift sie, dass es nicht anders geht.

»Draußen im Schuppen«, sagt sie. »Willst du nicht noch etwas warten, vielleicht geht es ihr gleich wieder besser?«

»Ich befürchte, das wird es nicht, Mama. Ich habe die Röntgenaufnahmen gesehen, es ist, wie es ist. Mach es bitte nicht noch schlimmer, ich muss das jetzt tun.«

Ich nehme die Kleine auf den Schoß, streichle sie und rede im Stillen noch einmal mit ihr.

Dann gehe ich in den Garten, hole aus der Scheune den Spaten, suche einen passenden Ort und fange an zu graben, als mir plötzlich die Tränen kommen.

Jetzt muss ich also gleich meine Hündin einschläfern, die ich als Welpe vor dem Tod gerettet habe, die mich von Anfang an in Island und dann später in Deutschland auf Schritt und Tritt begleitet hat, die mir voll und ganz vertraut. Und die ich dann in ihren letzten Jahren in Deutschland zurückgelassen habe. Ob sie mir das jemals verziehen hat?

Mein Magen rebelliert, mir wird richtiggehend schlecht. Mit jedem Spatenstich fällt mir das Graben schwerer. Als ich fertig bin, gehe ich zurück ins Haus. Meine Mutter schaut ebenfalls ganz traurig, auch sie hat Tränen in den Augen.

Ich hole meine Arzttasche und suche nach der Spritze.

Es muss sein, sage ich mir. Es ist das Beste für Týra, ich erlöse sie von ihrem Leiden, rede ich mir ein.

Mama und ich halten sie beide und streicheln sie, als ich ihr die Spritze injiziere. Sie schläft friedlich unter meinen Händen ein. Eben war sie noch da – jetzt ist sie für immer fort.

Später trage ich sie hinaus in den Garten. Ich bin unendlich traurig, als ich sie in ihre Lieblingsdecke gewickelt in die kalte Grube lege.

Fohlenquartett und Zukunftsprojekte

Zurück in Island hat mich die Arbeit ziemlich schnell wieder. Um mich von Týras Verlust abzulenken, verbringe ich viel Zeit auf der Weide bei meinen drei Stuten. Auf einmal stelle ich mir vor, wie es wäre, selbst ein Fohlen zu züchten, ein kleines, neues Leben mit ganz viel Zukunft. Es gibt so viele großartige Hengste, von denen ich viele durch meine Arbeit sogar persönlich betreue. Da kann ich mich bei der Auswahl an hochbeurteilten Zuchthengsten kaum entscheiden. Warum soll es überhaupt auch nur ein Fohlen werden? Wenn schon, denn schon, schließlich gibt es genügend Platz auf der Insel, auf der auf einem Quadratkilometer nur etwa dreieinhalb Menschen wohnen. Da bleibt noch jede Menge übrig für Schafe und vor allem für Pferde. Nach reiflicher Überlegung stehen meine Anpaarungswünsche fest, und tatsächlich werden nach elf langen Monaten des Wartens Anfang Juni innerhalb einer Woche meine vier Fohlen aus meinen drei eigenen Stuten und der Leihstute Susi geboren: zwei Stuten und zwei Hengste. Meine ersten Fohlen hier in Island und der Beginn meiner Pferdezüchterlaufbahn werfen ihre Schatten voraus, und ich kann es kaum abwarten, bis das Quartett endlich erwachsen und bereit zum Einreiten sein wird.

Damit aber nicht genug. Durch meine Arbeit als Fachtierärztin für Pferde und die Chiropraktik bitten mich immer mehr Reitvereine, Vorträge oder Seminare bei ihnen abzuhalten. Dabei geht es vor allem um Blockaden und Bewegungseinschränkungen bei Reiter und Pferd. Als internationale Sportrichterin und Reitlehrerin habe ich nicht nur für die Pferde, sondern auch für die

Reiter ein geschultes Auge. Da bleibt es oft nicht aus, dass ich mir bei meiner Lehrtätigkeit zusätzlich das Sattelzeug zeigen lasse. Denn so wie dem Wandersmann die Schuhe nicht drücken dürfen, so muss der Sattel, der zwischen Pferd und Reiter liegt, auch beiden passen. Da ich als Chiropraktikerin häufig mit den Konsequenzen der schlecht sitzenden und veralteten Sättel kämpfen muss, vor allem aber weil ich den älteren Semestern meiner bunt gemischten Klientel nicht vor den Kopf stoßen möchte, kommt mir während eines Besuchs in Deutschland auf dem Hof meiner langjährigen Freundin, Richterkollegin und Namensvetterin Susanne nach langem Überlegen endlich die zündende Idee: Ich brauche dringend Demonstrationssättel. Wenn meine Kunden sich auf dem Pferderücken wohlfühlen wie in Abrahams Schoß, und die Pferde dazu noch entspannt im Rücken schwingen, könnte ich diese Mission tatsächlich erfüllen.

Ein Telefonat mit einem meiner ehemaligen Reitschüler, der heute eine namhafte und angesehene Sattelfirma betreibt, bringt mich meinem Ziel gleich viel näher. Die Rückreise nach Island trete ich mit acht Sätteln im Gepäck an. Zu Hause in Island angekommen, bleibt mir dementsprechend nichts anderes übrig, als auch noch eine Firma für den Sattelverkauf zu gründen.

Wandertag mit der Familie

»Müppi, was meinst du«, fragt meine Mama am Telefon, »soll ich dich mit Rolf und Tante Sybille diesen Sommer mal wieder in Island besuchen kommen?«

Rolf ist der neue Partner meiner Mutter.

Anfangs fand ich es schon komisch, dass sie einen anderen Mann an ihrer Seite hat. Es fühlte sich schon ziemlich ungewohnt an. Ich bekam auf einmal das Gefühl, sie beschützen zu müssen: Ist das denn der Richtige für sie? Mag er sie wirklich, oder ist er vielleicht sogar ein Heiratsschwindler?

Er ist so ganz anders als mein Papa. Ich bin verwirrt, irgendwie verletzt, auch beunruhigt. Aber sie freut sich sehr, endlich nicht mehr allein sein zu müssen, und blüht richtig auf.

»Es scheint ja fast so, als ob du eifersüchtig wärst«, sagt Nicki, als wir uns mal wieder in Selfoss treffen und ich ihr von dem neuen Partner meiner Mama erzähle.

»Wie meinst du das denn?«, frage ich konsterniert.

»Als ob du es nicht ertragen würdest, dass deine Mutter noch jemand anderen liebt«, sagt Nicki.

»Mhm ...«, murmle ich nachdenkend.

»Deine Mutter ist Witwe, Susi, und ihr Leben geht weiter«, erklärt Nicki. »Sie ist noch nicht so alt, als dass sie sich einfach hinters Fenster setzt und den Geranien beim Wachsen zusehen möchte. Warum soll sie nicht wieder einen neuen Partner finden, mit dem sie ihr Leben genießen kann?«

»Da hast du wahrscheinlich recht«, stimme ich ihr zu. »Es ist nur so ungewohnt. Ich hoffe einfach, dass sie die richtige Entscheidung getroffen hat.«

»Vertrau ihr doch einfach. Es ist ihre Entscheidung, nicht deine. Sie wird ja wohl am besten wissen, was gut für sie ist.«

»Ich weiß«, sage ich, und mit der Zeit gewöhne ich mich an den Gedanken, dass es ab jetzt einen neuen Mann an Mamas Seite gibt.

Nach anfänglichem Beschnuppern und kleineren Startschwierigkeiten haben Rolf und ich heute ein sehr gutes Verhältnis zueinander.

Meine liebe und sehr flotte Tante Sybille hingegen ist gerade erst Witwe geworden. Ihr Mann, mein einziger Onkel und Bruder meiner Mutter, verstarb völlig überraschend an einem Herzinfarkt. Unsere kleine Familie wird immer kleiner. Sybille und Hans-Joachim wollten schon immer mal gern nach Island kommen. Jetzt hat mein Onkel es leider nicht mehr geschafft. Aber wenigstens Tante Sybille plant nun also, mit meiner Mama und Rolf mitzukommen.

Ich freue mich sehr, dass mich Mama mal wieder in Island besucht. Vor allem aber auch, dass sie ihr Leben nach dem Tod meines Vaters wieder in die eigene Hand genommen hat.

Ich fange gleich an zu planen, stelle eine Route zusammen und reserviere Zimmer – mit Meerblick und Hot Pot selbstverständlich.

Zwei Wochen später schon landen meine Mama, ihr neuer Partner Rolf und Tante Sybille in Island. Unsere ins Auge gefasste Rundfahrt zu meinen Pferden muss ich aber etwas umorganisieren, da ich Planta in diesem Jahr mit einer Portion Landsmótsieger-Sperma besamen möchte. Während ich »kurz« von Akureyri zurück nach Reykjavík fliege, um in Hella die kostbare Frischsamenportion abzuholen, erkundet meine Reisegruppe die Fußgängerzone mit ihren bunten Geschäften und dem herrlichen Blick über den Hafen. Als ich endlich in Hella in der Besamungsstation ankomme, fällt mir auf, dass ich vergessen habe, eine Kühlbox für das Frischsperma mitzunehmen. Und da es jetzt schon recht warm ist, würde der kostbare

Samen den Rückflug bei diesen Temperaturen nicht überleben. Da fällt mir siedend heiß ein, dass Mama mir für meinen Flug ein Sandwich mit Kühlakku in ihr kleines Kosmetiktäschchen gepackt hatte, weil sie so früh heute Morgen auf die Schnelle nichts Besseres gefunden hatte. In Windeseile verspeise ich mein Sandwich und packe gleichzeitig das Röhrchen mit dem Samen in Mamas gutes Kosmetiketui. Das Röhrchen wird schon dichthalten, hoffe ich insgeheim in doppeltem Sinne. Mama wäre wahrscheinlich nicht begeistert, von meiner Samentransport-Verpackung zu erfahren. Ich nehme sofort den nächsten Flieger zurück nach Akureyri, fahre schnurstracks zu Planta, der das Kosmetiktäschchen vollkommen egal zu sein scheint, platziere den Landsmótsieger-Samen an der dafür vorgesehenen Stelle in Plantas Gebärmutter und treffe pünktlich zum Kaffeetrinken wieder auf meine fröhliche Familie.

Dieser Sommer ist besonders herrlich, das Wetter unglaublich schön. Wir genießen die Fahrt, die Schwimmbäder, Wasserfälle, Gletscher, einfach alles, was die vielfältige Natur Islands auf unserer Route zu bieten hat. Nach dem Besuch im Norden fahren wir in Etappen wieder zurück in den Süden. Erst zwei Tage bevor meine Besucher wieder nach Deutschland fliegen, sind wir zurück in Kópavogur. Es ist aber einfach zu schönes Wetter, um in der Stadt zu bleiben.

»Was meint ihr? Wie wäre es, wenn wir heute noch eine kleine Spritztour in den Süden machen? Ich möchte euch gern einen Ort zeigen, der für mich der Inbegriff eines isländischen Fischerdorfes ist. Bunt angemalte Häuser mit größeren Grundstücken, eine Holzkirche, direkt am Meer gelegen, mit einem begehbaren Strand.«

»Das klingt für mich wie eine schöne Abschiedstour, bevor wir morgen wieder im Flugzeug sitzen müssen«, meint meine Mama, und die beiden anderen stimmen ihr zu.

»Na, dann los«, freue ich mich und nehme die Autoschlüssel in die Hand.

Stokkseyri liegt weniger als eine Stunde von Kópavogur entfernt. Wir nehmen die Route über die Þrengsli, vorbei an der Höhle Raufarhólshellir, denn da haben wir schon ab dem Bergkamm einen herrlich weiten Blick über die Südküste mit ihren Ortschaften Þorlákshöfn, Eyrarbakki und Stokkseyri.

Wir haben viel Zeit vor Ort und beginnen mit einem langen Strandspaziergang. Der Sand ist schwarz – und wir klettern über erkaltete Lava, die aus dem achttausend Jahre alten Lavastrom stammt, der zwischen Ölfusá und Þjórsá das Meer erreicht. Mit achthundert Quadratkilometern Fläche handelt es sich um eines der größten – mittlerweile erkalteten – Lavafelder der Welt, hier und jetzt direkt unter unseren Füßen.

Danach gehen wir noch etwas durch den Ort spazieren und machen uns erst dann auf den Weg zurück nach Kópavogur. Als wir langsam durch den Ort fahren, staunen wir immer noch über die pittoresken Wohnhäuser, die in allen möglichen Farben in der Sommersonne schimmern. Wir machen Fotos und freuen uns über den schönen Tag, den wir noch zusammen erleben dürfen.

»Gibt es denn hier keine Regeln für die Farbgebung bei den Häusern wie bei uns in Deutschland?«, wundert sich Tante Sybille, ihren Fotoapparat noch in der Hand.

»Nein«, sage ich, »die gibt es hier tatsächlich nicht. Isländer haben es nicht so mit Verboten. Die sind einfach sehr eigensinnig und lassen sich nicht gern Vorschriften machen. Eine Regel gibt es beim Hausbau aber schon. Die ist so sinnvoll und überlebenswichtig, dass sie jeder begreift: Der Sockel eines Hauses muss erdbebensicher sein.«

»Und dann bauen sie Häuser mit Wellblech darauf?«, wundert sich meine Tante.

»Das Wellblech ist nur die Verkleidung. Unter dem Wellblech ist Fachwerk aus Holz und Dämmmaterial. Die Wellblechhäuser sind also eigentlich Holzhäuser«, erkläre ich. »Früher gab es nur solche Häuser, erst später wurde mit Stein gebaut. Aber nicht nur. Noch immer wird die Holzhaustechnik mit Wellblechverkleidung angewandt. Das Wellblech schützt sehr gut gegen Wind und Wetter.«

Wir fahren an einem solchen mit Wellblech verkleideten hellgrauen Haus entlang. Es steht etwas von der Straße weg auf einem großen, umzäunten Grundstück, leicht erhöht auf einem dunkel angestrichenen Sockel.

»Ich glaube, die obere Etage dieses Hauses habe ich vom Strand aus gesehen«, sage ich. »Das Giebelfenster ist ja wirklich groß, und der Garten drum herum. In so einem Haus möchte ich mal wohnen«, sage ich versonnen.

»Ja, das sieht wirklich hübsch aus, und der Ort ist so ruhig und friedlich«, meint meine Mama, und Rolf stimmt ihr zu. Wir machen auch von diesem Haus einige Fotos.

»Da könnest du wahrscheinlich sogar ein paar Pferde weiden lassen, und den Hund kannst du auch draußen lassen«, meint Rolf.

»Ja, hier gibt es sogar einen Zaun. Das ist in Island nicht unbedingt üblich. Und hoch genug wäre er auch«, stimme ich ihm zu.

Genau das wäre mein Traum. Ein eigenes Haus, drum herum ein paar Pferde, und direkt am Meer soll es liegen.

»Oh nein«, ich erschrecke.

»Was hast du denn, Müppi?«, fragt meine Mama besorgt.

»Da steht ein Schild im Garten: Til sölu, zum Verkauf«, sage ich.

Ich muss schlucken. »Na ja, das kann ich mir bestimmt sowieso nicht leisten. Außerdem wohne ich einfach recht günstig und nahe an der Klinik«, wische ich den zur Möglichkeit gewordenen Traum schnell wieder weg.

»Du kannst dich ja erst mal erkundigen, was das Haus überhaupt so kosten soll«, rät Rolf.

Wir fahren weiter und genießen die gemeinsame Rückfahrt, auf der viel gelacht und noch ausgiebig geplauscht wird, bevor die drei am nächsten Morgen dann in aller Herrgottsfrühe zum Flughafen aufbrechen müssen.

Das schöne alte Wellblechhaus in Stokkseyri aber geht mir nicht mehr aus dem Kopf ...

Ein paar Tage später fahre ich wieder nach Akureyri. Planta ist leider nicht tragend, mein eigener, ambitionierter Besamungsversuch hat trotz Mamas Kosmetiktäschchenkühlung nicht gefruchtet.

So viel ich mit dem Ultraschallgerät auch suche, es ist kein Embryo in der Gebärmutter zu finden. Ich entscheide mich für einen anderen Hengst und einen natürlichen Decksprung.

Kaum entlasse ich Planta auf die Hengstweide, ist sie auch schon mit ihrem neuen Partner Gandálfur über alle Berge und lässt die verdutzte einheimische Stutenherde weit hinter sich zurück.

Zeit zu zweit verbringen und in Freiheit leben – das ist anscheinend nicht bloß der Lebenstraum von Planta. Nur dass sie mir da irgendwie einen Schritt voraus ist ...

Der Gedanke an das Haus in Stokkseyri lässt mich nicht mehr los. Vor allem, weil ich ab und zu durch den Ort fahren muss, wenn ich Ställe besuche, die auf der Route liegen.

Immer noch steht das Schild »Til sölu« im Garten, und ich habe Sorge, dass »mein« Haus tatsächlich einen neuen Besitzer finden könnte und damit meine Träume zerplatzen würden.

Wie wäre es wohl, dort zu leben, jeden Tag an den Strand gehen zu können, die Seeluft einzuatmen?

Ich wohne jetzt mittlerweile schon neun Jahre in der Souterrainwohnung mit Familienanschluss in Kópavogur. Das hat zwar durchaus seinen Charme, aber es gibt doch immer wieder Momente, da möchte ich meine Wohnung auch mal abschließen können, sodass nicht rein zufällig mal wieder jemand plötzlich im Wohnzimmer steht, wenn ich Besuch habe. Mein ganzes Leben lang so wohnen möchte ich nicht. Die Souterrainwohnung ist auch recht dunkel, die Fenster lassen sich nicht öffnen, lüften muss ich, indem ich die Haustür nach draußen eine Weile aufmache.

Das Gute an der Wohnung ist allerdings, dass sie preisgünstig ist und nah bei der Klinik liegt. Die Räumlichkeiten sind aber sehr hellhörig, und meine Vermieter, die in der Zwischenzeit schon die achtzig überschritten haben, sind doch recht neugierig und wollen immer wissen, wer zu mir zu Besuch kommt. Aufs Land zu ziehen bedeutet dagegen längere Anfahrtswege, aber dafür könnte ich sogar am Meer wohnen.

Ehrenspalier

Nach dem Urlaub meiner Familie kommt mein guter Freund Einar zu mir zu Besuch. Er sieht, ganz gegen sein Naturell, sehr betroffen und fast deprimiert aus. Wir setzen uns hin, ich habe Kaffee und Kuchen vorbereitet, aber Einar kommt sofort zur Sache.

»Susi, ich muss dir was erzählen«, fällt er mit der Tür ins Haus. »Es sieht nicht gut bei mir aus. Ich habe Prostatakrebs, und zwar schon im fortgeschrittenen Stadium. Es ist ungewiss, ob es für mich überhaupt noch eine lebenserhaltende Therapie gibt. Immerhin wollen sie es noch mit Bestrahlungen versuchen.«

Ich bin geschockt. Dieser lebensfrohe, aktive Mann, gerade mal Anfang fünfzig, als Reiter Teilnehmer an Weltmeisterschaften, Reitlehrer, Züchter und selbst Chef d'Équipe bei Weltmeisterschaften. Sofort kommen bei mir die Erinnerungen hoch an den Leidensweg meines Vaters, an die Ungewissheit, die Frage, was kann man noch tun, kann man noch behandeln, die Angst vor jeder neuen Nachuntersuchung.

»Oh, Einar, das ist ja furchtbar«, kann ich im ersten Moment nur sagen. Diese Nachricht trifft mich hart. Was für eine Hiobsbotschaft für ihn und seine Familie.

»Es sieht wirklich nicht gut aus«, sagt er noch einmal und starrt vor sich hin, »die Ärzte geben mir noch ein Jahr.«

Seine Nachricht macht mich betroffen. Wir sprechen darüber, wie ich ihm am besten helfen und ihn unterstützen kann.

»Bitte kümmere dich vor allem um meine Frau, wenn sich die Situation wirklich verschlechtert«, sagt er.

»Ja, natürlich, Einar«, verspreche ich ihm, »das werde ich tun.«

Den Kuchen haben wir nicht angerührt, als Einar wieder geht.

Ich rufe gemeinsame Freunde an, wie wir die Unterstützung und Hilfe für Einar am besten zusammen organisieren können. Wir alle haben die gleichen Fragen, ob sich die Ärzte vielleicht doch getäuscht haben, schließlich sieht Einar ja noch immer gesund aus, ob die Bestrahlung vielleicht doch noch alles zum Guten wendet, ob vielleicht demnächst die rettende Medizin auf den Markt kommt.

Aber Einar geht es leider immer schlechter. Und obwohl er die Lebenserwartungsprognose der Ärzte schon fast verdoppelt hat, wird mit jedem meiner Besuche bei ihm deutlicher, dass er jetzt wohl nicht mehr lange zu leben hat. Er kann nicht mehr zu Hause wohnen, wird in ein Hospiz gebracht. Zuletzt besuche ich ihn dort. Wie vor ein paar Jahren für meinen Vater erstelle ich auch für Einar ein Fotoalbum, in dem unsere gemeinsamen Erinnerungen zusammenkommen. Landsmót und Weltmeisterschaften, andere Reitturniere, Pferdetreffen, unsere privaten Feiern im Freundeskreis, während der Arbeit auf dem Hof, seine Pferde, wie er stolz reitet, Hera, die Stute, die ich von ihm gekauft habe. Während ich das Buch für ihn gestalte, laufen mir die Tränen über das Gesicht. Ich weiß, ich kann nichts mehr tun. Einar wird sterben und aus dem Leben gerissen werden, so wie Papa damals. Ich habe Angst, ins Hospiz zu gehen. Ich habe Angst, die Erinnerungen an Papas Krankheit und Tod holen mich ein. Ich zögere, aber Einar ist so ein guter Freund, ich muss einfach zu ihm gehen und mich von ihm und seinem Leben verabschieden. Vielleicht kann ich ihn mit den Erinnerungen noch ein bisschen erfreuen und ablenken.

»Schau mal, was ich dir mitgebracht habe«, sage ich zu ihm.

Von seiner Krankheit schon sehr gezeichnet, fällt es ihm schwer, sich aus dem Bett aufzurichten. Als er das Album endlich in den Händen hält, freut er sich sehr über so viele Fotos, all die Erinnerungen. Wir nehmen uns Zeit, schauen es miteinander an, erzählen Geschichten von »Weißt du noch«, lachen und weinen zusammen. Ich weiß eher als dass ich es ahne, dass dies das letzte Mal ist, dass ich Einar lebend gesehen habe.

Die Nachricht von seinem Tod trifft mich trotz meiner Vorahnung schwer. Die Begräbnisfeier für ihn findet in der größten Kirche Islands, der Hallgrímskirkja, im Zentrum Reykjavíks auf dem höchsten Punkt der Skólavörðustígur statt. Eine Ehre, denn hier finden vor allem die Beerdigungsfeiern für wichtige Mitglieder der Gesellschaft und Staatsbegräbnisse statt. Es kommen sogar so viele Leute, auch aus dem Ausland, dass nicht einmal alle in die Kirche passen und sich draußen eine Traube von Menschen bildet, die die Zeremonie von dort aus versucht mitzuerleben.

Zum Ende der wirklich sehr würdigen Begräbnisfeier wird der Sarg mit Einar vom Chor zum Ausgang getragen. Sein Pferd Glóðarfeykir, mit dem er seinen letzten Sieg bei einem Landsmót gewonnen hatte, steht im Vorraum der Kirche neben seinem Sarg, über dem Sarg liegt die isländische Flagge. Vor der Kirche stehen die Reiter des isländischen Reiterverbandes in traditioneller Tracht zu Einars Ehren Spalier. Ein bewegender, sehr berührender Moment in seiner gleichzeitigen Schönheit und tiefen Traurigkeit, in der Wertschätzung des lebenden Einar und des endgültigen Abschiednehmens von ihm.

Ich erinnere mich plötzlich an eine Beerdigung eines berühmten isländischen Reiters vor einigen Jahren an gleicher Stelle, als Einar mir zuflüsterte: »Irgendwann wird es auch mich treffen.«

Dass dies schon jetzt, hier und heute, soweit sein sollte, hätten wir uns damals alle nicht träumen lassen. Es fühlt sich für mich einfach nur surreal an, dass ich akzeptieren muss, dass dies das Ende eines so jungen Menschenlebens ist, eines so lebensfrohen, jungen Mannes, einem meiner besten Freunde hier auf Island, der mich so unterstützt und gefördert hat. Ich fühle mich so leer in meiner

Trauer, und mir wird wieder einmal bewusst, dass man sich jeden Tag am Leben erfreuen sollte, dass man jeden einzelnen Moment, den man mit Freunden und Familie zusammen verbringen kann, wertschätzen und genießen sollte, sich täglich aufs Neue bewusst machen sollte, dass nichts für immer und die Gesundheit das höchste Gut ist. Das alles vergisst man im Alltagsstress oder wenn man sich in Kleinigkeiten mit jemandem verliert ja leider allzu oft, aber wir haben alle nur das eine Leben.

Der Traum vom Haus am Meer

Ich merke, wie dieses Haus in Stokkseyri in meiner Vorstellung immer noch schöner wird, wie ich immer öfter daran denke, es in Gedanken schon einrichte, und ich begreife, dass ich in der Sache nur weiterkomme, wenn ich konkrete Schritte unternehme.

Irgendwie traue ich mich aber nicht so richtig. Bis ich in den Weihnachtsferien wieder einmal in Deutschland bei meiner Familie bin und wir alle zusammen – Rolf und Tante Sybille sind auch da – die Fotos des vergangenen Jahres anschauen und unsere Erinnerungen Revue passieren lassen.

Dabei werden natürlich auch die Fotos unseres gemeinsamen Islandurlaubs herumgereicht, auf denen das Haus in Stokkseyri auftaucht.

Fast gleichzeitig fangen wir alle an, davon zu schwärmen: »Es ist doch wirklich ein sehr schönes Haus«, sagt meine Mama gleich, »bist du noch mal daran vorbeigefahren?«

»Ja, schon öfter«, bekenne ich, »jedes Mal, wenn ich auf dem Weg zu Kunden bin und durch den Ort muss, schaue ich mich kurz danach um.«

»Und?«, fragt Rolf gespannt.

»Tja, das Verkaufsschild steht immer noch im Garten«, sage ich, »was ja vielleicht auch kein Wunder ist. In Island fühlen wir immer noch die Nachwehen der Finanzkrise. Ich habe in der Zwischenzeit gesehen, dass dort in Stokkseyri recht viele Häuser zum Verkauf stehen.«

»Was meinst du«, fragt meine Mutter wieder, »willst du nicht doch einfach mal fragen, was es kostet, und dir das Haus wenigstens einmal anschauen?«

»Ich weiß nicht«, sage ich hin- und hergerissen, »ich würde das schon sehr gern tun, aber wahrscheinlich habe ich das Geld nicht, um mir das Haus zu kaufen.«

»Hast du nicht ein bisschen was gespart, seit du in Island bist?«, hakt meine Mama nach.

»Ja, schon, und ich habe auch noch etwas auf einem deutschen Konto ...« In den Sommer- und Winterferien, die ich regelmäßig in Deutschland verbringe, nehme ich mir immer auch einige Tage Zeit und betreue dort ein paar Pferde meiner alten, deutschen Kunden.

»Na, dann zieh mal Erkundigungen über das Haus ein, dann wissen wir wenigstens, worüber wir reden«, sagt Rolf.

»Und mach dir nicht jetzt schon so viele Sorgen über das Geld«, ergänzt meine Mama. »Schau erst mal, ob dir das Haus auch von innen gefällt und in welchem Zustand es ist.«

Trotz meiner Bedenken beschließe ich, sofort nach meiner Rückkehr nach Island einen Besichtigungstermin zu vereinbaren.

Auf einmal habe ich schreckliche Angst, jemand anderes könnte in der Zwischenzeit Gefallen daran gefunden haben.

Auf dem Rückflug ist mir eingefallen, dass ich Helgi Jón fragen könnte, wie denn so ein Hauskauf eigentlich vonstattengeht, worauf ich achten muss, was man tun und tunlichst lassen sollte.

Helgi Jón kenne ich schon seit längerer Zeit, er besitzt einen Pferdehof ganz in der Nähe von Stokkseyri. Dort züchtet er sehr erfolgreich Pferde und verkauft sie nicht selten zu hohen Preisen ins Ausland. Ich habe auch schon einige verzwickte Fälle bei seinen Pferden lösen können.

Aber eigentlich ist Helgi Jón Makler. Für Isländer ist das kein Zeichen von Unprofessionalität, mehr als einen Beruf zu haben. Es ist vielmehr ganz einfach üblich, auf mehreren Hochzeiten zu tanzen. Besonders seit der Finanzkrise, die das Land 2008 in tsunamiartigen

Ausmaßen erfasst hat und die Insel bis an den Rand des Ruins beziehungsweise, recht genau betrachtet, sogar etwas darüber hinausgeführt hat. Erst so langsam geht die Arbeitslosigkeit wieder zurück, die Nachwehen der Krise sind aber vor allem auf dem Immobilienmarkt noch spürbar. Für viele wurde es da gar zur Notwendigkeit, mehrere Jobs zu haben, um sich über Wasser halten zu können.

Ich fasse mir also ein Herz und rufe Helgi Jón an.

Er freut sich, von mir zu hören, erzählt mir stolz von seinem selbstgezüchteten Newcomer und ist gern bereit, mir zu helfen.

»Leider vertreten wir dieses Objekt nicht«, meint er am Telefon, »aber lass mich mal schauen. Ich glaube, das ist ein Kollege in Selfoss. Ich rufe da an und melde mich dann wieder bei dir.«

Mal wieder verdutzt, wie schnell Isländer Dinge in Bewegung bringen können, wenn sie nur wollen, beende ich das Telefongespräch und warte ab. Gut Ding will Weile haben, denke ich.

Doch nur fünf Minuten später meldet sich Helgi Jón schon wieder.

»So, Susi, ich habe gerade mit meinem Maklerkollegen gesprochen. Kannst du das Haus heute Mittag noch anschauen?«, legt er los.

»Ja, das würde schon gehen«, antworte ich und zögere, »aber ... also, ich weiß nicht so recht. Soll ich wirklich?«

»Ach, mach dir doch nicht so viele Gedanken, und sei nicht so zögerlich. Schau es dir einfach mal an. Dann sehen wir weiter, in Ordnung?«, meint er.

»Also gut«, entscheide ich, obwohl mir etwas mulmig ist bei der Sache.

»Okay, fahr einfach nach Selfoss zu dem Makler, dann kannst du das Haus heute noch besichtigen.«

Ich danke ihm noch recht verdattert. Es fühlt es sich an, als säße ich in einer Achterbahn. Adrenalin schießt durch meinen Körper, mein Herz pumpt. Werde ich tatsächlich in ein paar Stunden schon in dem Haus stehen, das mir wie mein Traumhaus vorkommt?

Ich rufe meine Mama an, um zu hören, was sie dazu sagt.

»Ja natürlich schaust du dir das an, das ist doch klasse! Du verpflichtest dich ja noch zu nichts, wenn du das Haus erst mal anschaust«, ruft sie begeistert aus.

Na, dann soll es wohl so sein.

Nur wenig später mache ich mich auf den Weg nach Selfoss. Dort angekommen, hole ich tief Luft und betrete das Maklerbüro. Ich stelle mich bei der Frau am Empfang vor.

»Ah, du kommst für das Haus in Stokkseyri«, meint sie.

»Ja«, sage ich, »ein befreundeter Makler hat für mich einen Besichtigungstermin für heute Nachmittag vereinbart.«

»Das stimmt«, bestätigt sie, »hier sind die Schlüssel.«

»Und wer fährt mit mir dahin?«, frage ich abwartend.

»Nein, nein, da fährt niemand mit«, klärt sie mich auf, »nimm einfach die Schlüssel mit, und schau dir das Haus an, das ist schon in Ordnung.«

»Wie jetzt?«, frage ich verdutzt. »Ich soll einfach in das Haus, ohne dass mich jemand begleitet?«

»Ja, ja, kein Problem. Wir machen das oft so«, meint sie fröhlich.

Ich wundere mich doch immer wieder über die lockere isländische Art, Dinge zu regeln. In Deutschland jedenfalls wäre es undenkbar, dass man ohne Makler ein Haus besichtigt, geschweige denn jemandem einfach so einen Schlüssel aushändigt. Man vertraut einander in Island noch viel mehr – vielleicht auch deshalb, weil man mit Sicherheit einen kennt, der einen kennt, der dich kennt, sodass man doch immer zur Rechenschaft gezogen werden kann, wenn man mal über die Stränge schlägt.

»Okay«, sage ich etwas zögernd, strecke meine Hand aus und nehme den Schlüssel vom Tresen.

»Bring ihn einfach zurück, wenn du fertig bist. Und wenn wir schon geschlossen haben, dann wirf ihn einfach in den Briefkasten.«

Gepriesen sei die Einfachheit der Dinge.

Ich mache mich also auf den kurzen Weg von Selfoss nach Stokkseyri.

Mit jedem Meter wird meine Aufregung größer. Ich erreiche den Ort am Meer, parke das Auto vor der Gartenpforte des Grundstücks und muss erkennen, dass das noch etwas dauern kann, bis ich mich zum Haus vorgekämpft habe, denn der ganze Garten ist völlig überwuchert mit mannshohen Disteln. Die stehen so dicht beieinander, dass ich mir nur langsam einen Weg zur Haustür bahnen kann, ohne mich überall zu stechen.

Das Haus steht wohl schon länger leer.

Schließlich schaffe ich es bis zum Haus, gehe die gemauerten Stufen zum Eingang hinauf und stehe vor der hölzernen Haustür. Mein Herz klopft wie wild, ich bin furchtbar aufgeregt. Bin ich hier tatsächlich gerade dabei, ein Haus anzuschauen?

Ich stehe vor der Haustür und schaue nach oben, dort ist ein riesiger Balkon. Ob man von da bis zum Meer sehen kann? Tausend Gedanken schießen mir durch den Kopf.

Das Haus wirkt fast wie eines im Märchen mit diesem von Disteln überwucherten Garten, den ich gerade durchschritten habe. Die erste Prüfung hätte ich damit schon bestanden. Jetzt kommt die zweite. Ich nehme den Schlüssel in die Hand und atme tief ein und langsam wieder aus. Ich stecke den Schlüssel in das Schloss, er scheint zu passen. Die Tür klemmt und lässt sich schwer öffnen, aber als Chiropraktikerin gelingt es mir letztendlich auch mit sanfter Gewalt, sie zu öffnen – und schon stehe ich im Flur.

»Hallo«, rufe ich vorsichtshalber, bevor ich den ersten Schritt hinein mache, »ist da jemand?«

Ich lausche. Keine Antwort. Noch einmal rufe ich, wieder kommt keine Antwort.

Erst dann traue ich mich, das Haus zu betreten. Meine Nerven sind zum Zerreißen gespannt, mein Herz hüpft vor Vorfreude und Aufregung.

Ich komme in einen kleinen Vorraum, naturbelassen und holzvertäfelt. Direkt dahinter befindet sich ein großes Zimmer, auch das ist holzvertäfelt. Das war wahrscheinlich das Wohnzimmer. Von der Decke hängen große, schwere Kronleuchter aus Holz. In einer Ecke sehe ich eine Kücheneinrichtung. Das Wohnzimmer ist also gleichzeitig Essküche. Ringsherum tiefe Fenster, der große Raum ist lichtdurchflutet. Erst jetzt fällt mir auf, wie sehr ich den Blick nach draußen in die Natur in meiner Kellerwohnung vermisse.

Ich gehe weiter. Außer dem großen gibt es auf dieser Etage noch ein kleines Zimmer, auch dieses ist holzvertäfelt, und ein sehr kleines pinkfarbenes. Den Tapetenresten nach zu urteilen wahrscheinlich ein Mädchenzimmer. Daneben noch eine winzig kleine Kammer mit einer Luke für die Treppe zum Keller.

Das Badezimmer ist ebenfalls sehr klein. Die meisten der blauen, grünen und grauen Kacheln liegen auf dem Boden oder halten gerade noch so an der Wand. Auch die Toilette, Farbe undefinierbar, ist nur noch halb an der Wand befestigt und hat Schlagseite. Vielleicht gibt es im Garten ja auch noch ein Plumpsklo …

Dann gehe ich vorsichtig, Stufe für Stufe, die Holztreppe nach oben. Die ganze obere Etage besteht nur aus einem einzigen Raum. Wie hell der ist! An allen vier Seiten befinden sich große Fenster, die man auch öffnen kann. Nicht unbedingt üblich in Island. Oft kann man Fenster hier nur einen Spalt weit öffnen. Denn vergisst man, Fenster zu schließen, können die heftigen Stürme sie ohne Probleme aus den Angeln reißen, und dies möchte man von vornherein verhindern.

Ich kann mich an der Aussicht gar nicht sattsehen. Vom Nord-
fenster aus sieht man das Bergmassiv, vom Südfenster das Meer. Das
Meer! Mein größter Traum war es schon immer, ein Haus zu haben,
von dem aus ich das Meer sehen kann.

Ich bin ganz beseelt von all den Aussichten, von der Helligkeit
des Raumes. Viel zu lange wohne ich jetzt schon in einer Souterrainwohnung. Das bedeutet, dass man die Autoreifen der parkenden
Autos vor den Fenstern sieht und die Beine der Passanten. Und jetzt
stehe ich hier auf einmal in einem großen, lichtdurchfluteten Zimmer mit Meeresblick!

Der Balkon ist zur Nordseite, also zum Berg hin gebaut, was
mich etwas verwundert. Vielleicht ist es ein besonderer Berg, denke
ich.

Ich kann es kaum fassen, drehe mich im Kreis, fühle mich hier
sofort zu Hause.

Okay, Susi, sage ich mir, hol mal wieder Luft, fokussiere dich
mal. Alle viere von mir gestreckt, lege ich mich mit dem Rücken auf
den Fußboden und male mir aus, wie es wäre, in diesem Haus zu
wohnen und meine eigenen Möbel hier zu haben. Dieses Gefühl ist
einfach großartig, unbeschreiblich. Ich bin in meinem Haus, denke
ich. Schon als ich die Tür aufgestoßen habe, hatte ich dieses Gefühl,
das ist mein Haus.

Aber ich habe ja noch nicht alles gesehen. Ich war noch nicht
im Keller. Würde dieses Märchen jetzt doch noch eine ungeahnte
Wendung nehmen?

Ich gehe die Treppe hinunter ins Erdgeschoß und öffne in der
kleinen Kammer die Luke zur Treppe, die in den Keller hinabführt.
Ich fasse mir ein Herz und gehe die knarrenden Stufen der dunkel-
grünen Holztreppe vorsichtig nach unten. Es riecht etwas eigenartig, leicht süßlich und muffig. Unten angekommen, sehe ich einen
großen Raum – und auch hier wieder lauter Fenster.

Als ich vorsichtig ein paar Schritte mache, sehe ich auf einmal nackten Fels. Das Haus ist direkt auf einen Felsen gebaut! Komisch, denke ich, wer kommt denn auf so eine Idee?

Ich finde noch eine Tür, die nach draußen in den Garten geht. Die lasse ich aber erst mal zu und gehe die Treppe wieder hinauf ins Tageslicht. Ich schaue mich hier noch einmal gut um, stelle in Gedanken meine Möbel in die Zimmer. Dann gehe ich nach draußen vor das Haus.

Dort sehe ich einen großen Baumstamm liegen, Treibholz wahrscheinlich, das hier öfters anschwemmt. Ich befreie den Stamm von den Disteln, um mich daraufsetzen zu können.

Plötzlich sehe ich, dass in das Holz etwas eingeritzt ist. Nach und nach werden die Buchstaben sichtbar: »Dvergasteinar« steht da geschrieben. Das ist wohl der Name des Hauses, kombiniere ich scharfsinnig.

Früher gab es in Island keine Straßennamen. Jedes Haus hatte einen eigenen Namen. Diese beziehen sich entweder auf den Ort, die Leute, die darin lebten, oder Ereignisse, die an diesem Ort stattgefunden haben. Mal sehen. *Steinn,* oder hier *Steinar,* bedeutet Stein. Das wird sich wohl auf die Tatsache beziehen, dass das Haus auf einen Felsen gebaut ist. *Dvergur* aber bedeutet Zwerg. Wie kommt es denn dazu? Wirklich klein ist das Haus ja nun nicht. Da bleibt eigentlich nur eine Möglichkeit, und die macht mir ein bisschen Sorgen: Island wird nicht nur von Menschen und Tieren bewohnt, sondern auch von dem »verborgenen Volk«, dem *huldufólk.* Zu dieser Sammelbezeichnung gehören Naturwesen wie Elfen, Trolle, alle möglichen anderen Wesensformen und eben auch Zwerge.

Vielleicht wollen die gar nicht, dass ich hier wohne? Ich glaube, ich frage da am besten Una und Leifur um Rat. Sie wissen bestimmt Bescheid, wie ich mich am besten verhalten kann.

Ich schaue mir den Namen auf dem zur Sitzbank umfunktionierten Treibholzstamm noch einmal an und sehe, dass da noch etwas steht. Ich trete mit meinen Füßen noch mehr Disteln platt und schiebe sie, so gut es geht, zur Seite. Tatsächlich, da steht noch eine Jahreszahl: 1929. Dieses Haus wurde also vor sage und schreibe fast neunzig Jahren erbaut. Ich juble innerlich. Ein Haus mit einer langen Geschichte. Das habe ich viel lieber als einen seelenlosen Neubau. Hier wurde gelebt, geliebt, gelacht, geweint, gestritten und sich wieder versöhnt. Ich mag es, in einem Haus mit Geschichte und Geschichten zu wohnen, und nehme mir vor, sogleich Erkundigungen einzuholen, sollte es wirklich meines werden.

Ich halte einen Moment inne, schließe die Augen. Dieses Haus passt mir wie angegossen, wie ein warmer Mantel, in den man sich gemütlich hineinkuscheln kann.

Mir wird bewusst, dass ich dieses Gefühl schon im allerersten Moment hatte, als ich durch die Haustür trat. Und es hat sich nach meiner Besichtigung nur noch verstärkt.

Jetzt gibt es nur noch zwei Dinge, die mich davon abhalten könnten, dieses Haus, mein Traumhaus, zu kaufen. Zum einen die Sache mit den Zwergen – und zum anderen die Finanzierung.

Aber zuerst rufe ich noch im Auto meine Mama an. Sie teilt meine Freude und möchte unbedingt weitere Fotos sehen. Ich verspreche ihr, dass ich ihr noch am Abend welche schicke.

Bevor ich wieder nach Kópavogur zurückfahre, kurve ich noch ein bisschen durch den Ort, um ein Gefühl für die direkte Umgebung des Hauses zu bekommen. Gleich gegenüber von Dvergasteinar befindet sich die Tankstelle mit kleinem Supermarkt. Dahinter steht ein großes rotes Gebäude direkt am Meer. Das muss wohl der alte Fischverarbeitungsbetrieb gewesen sein, als es in Stokkseyri noch einen Hafen gab. Jetzt ist darin ein Hostel untergebracht, verkündet ein Schild. Ein noch größeres Schild auf dem markanten roten Gebäude lockt die Besucher aber auch noch mit etwas ganz anderem. Hier befindet sich das örtliche Elfen- und Geistermuseum!

Oha, wo bin ich denn hier gelandet, denke ich mir. Hier gibt es offensichtlich tatsächlich mehr zwischen Himmel und Erde, als ich mit meinen Menschenaugen sehen kann. Da bin ich ja mal gespannt.

Wie wohnen eigentlich Elfen?

»Erzähl mal, wie geht es dir denn?«, fragen Una und Leifur interessiert. Es freut sie, dass ich mal wieder vorbeikomme. Mindestens einmal im Monat, wenn ich die Miete hochbringe, sitze ich bei ihnen im Wohnzimmer. Wir plaudern dann über alles Mögliche. Sie haben mir dabei vor allem anfangs sehr geholfen, meinen Weg zu finden, haben mir erklärt, wie die Dinge hier laufen, wo man am besten dies oder jenes kaufen kann und wen man ansprechen sollte, wenn man etwas geregelt haben will.

Ich erzähle ein bisschen von den letzten Wochen und komme dann auf das Thema, das mir unter den Nägeln brennt.

»Sagt mal, was kann es bedeuten, wenn ein Haus Dvergasteinar heißt?«, frage ich sie.

»Ja, ja«, zieht Una die »Empfangsbestätigung« meiner Frage in die Länge.

»Ja, ja«, knurrt auch Leifur und zieht kräftig an seiner Zigarre.

Dann ist erst mal Pause. Wie lange musste ich mich an diese besondere Form der isländischen Kommunikation gewöhnen. Es kann sein, dass die ersten Minuten eines Gesprächs nur aus diesen Wörtern bestehen. Man sollte allerdings nicht glauben, dass in der Zwischenzeit keine Kommunikation stattfindet. Vielmehr nähern sich in diesem Zeitraum mit nonverbaler Kommunikation die Gesprächspartner einander an, schwingen sich auf eine gemeinsame Wellenlänge ein.

Man kommt erst mal an, macht sich mit dem Raum, dem Moment, dem Gegenüber vertraut, tastet ab. Erst dann kommt ein Gespräch in Gang, das dann, anders als der Gesprächsbeginn vermuten lassen würde, mitunter recht lebhaft werden kann.

Una denkt am schnellsten, begreift den Hintergrund meiner Frage. Sie legt das Strickzeug in ihren Schoß, senkt ihren Kopf etwas, holt tief Luft und schaut mich von unten herauf an.

»Bedeutet das, dass du ein Haus kaufen und hier ausziehen möchtest?«, fragt sie mit Sorgenfalten auf ihrer runzligen Stirn.

»Na ja«, druckse ich ein bisschen herum, »ich lebe jetzt ja schon so lange hier und fände es schön, mal meine eigenen vier Wände zu haben und *über* der Erde zu wohnen, sodass ich auch mal das Sonnenlicht in meiner Wohnung einfangen könnte. Außerdem war es immer mein Traum, auf dem Land zu wohnen, und natürlich am liebsten auch mit meinen Pferden zusammen.«

»Das ist aber schade«, meint Una betrübt, »wir haben dich doch so gern, das weißt du ja. Wir würden es wirklich sehr ungern sehen, wenn du hier wegziehst. Nicht wahr, Leifur?«

»Ja, das wäre wirklich sehr schade«, bedauert auch ihr Mann. »Wir haben uns schon so an dich gewöhnt. Du bist die beste Mieterin, die man sich denken kann. Und es ist auch immer so nett, wenn du zu uns hochkommst und wir einen kleinen Plausch mit dir halten können.«

»Ich finde es ja auch irgendwie schade, dass ich euch dann verlassen muss«, sage ich mit einem ehrlichen Bedauern, aber auch ein bisschen Erleichterung im Herzen.

»Aber das Leben geht weiter«, fügt Una an, »ich verstehe dich schon.«

»Ehrlich gesagt«, Leifur nimmt kurz die Brille ab, streicht sich mit der Hand durchs ganze Gesicht und setzt die Brille wieder auf, »ehrlich gesagt, hatten wir immer gehofft, dass du und Eiríkur vielleicht ...«

»Ach, Leifur«, unterbricht ihn seine Frau resolut, »lass das doch.«

Die beiden haben schon über die letzten Jahre immer wieder Andeutungen gemacht, ob ich vielleicht nicht an Eiríkur interessiert wäre. Ich habe diese Anspielungen immer so elegant wie möglich umgangen, jetzt muss ich wohl irgendwie etwas sagen, ohne sie allzu sehr vor den Kopf zu stoßen.

»Ich weiß, dass ihr euch sehr gefreut hättet, wenn Eiríkur und ich uns etwas nähergekommen wären. Aber bitte versteht, dass ich ganz glücklich allein bin, und so sehr ich Eiríkur auch mag, er ist leider einfach nicht mein Typ.« Die Frage ist, wessen Typ er überhaupt ist, denke ich im Stillen und stelle mir seine panzerglasdicken Brillengläser, leicht beschlagen, direkt vor meiner Nase vor. Nicht gerade ein erotisches Highlight. Mir läuft es kalt den Rücken hinunter.

Ich bin sehr erleichtert, als ich diese Sätze endlich einmal ausgesprochen habe. Irgendwie schwebte dieses Thema wohl doch schon seit einiger Zeit über uns.

»Das ist doch in Ordnung«, fasst sich Una wieder, »es ist natürlich auch ganz deine Entscheidung.« In Gedanken verabschiedet Una sich anscheinend gerade schweren Herzens von ihrer Traum-Schwiegertochter und tätschelt mir die Wange.

»Ja, ja«, versucht Leifur das gerade Gehörte, Zigarre rauchend, einzuordnen.

»Und um auf deine Frage zurückzukommen«, lenkt Una das Gespräch nun wieder weg von dem für uns alle etwas unangenehmen Thema, »sag mir erst mal, wo das Haus steht, und beschreibe es ein bisschen ...«

Ich erzähle ihnen von meinen Eindrücken, zeige ihnen Fotos, erwähne, dass das Haus auf einen Felsen gebaut ist und ich vermute, dass der erste Teil des Namens unter Umständen mit dem *huldufólk* zu tun habe.

»Also das mit dem Felsen scheint mir ja eine klare Sache zu sein, da kommt das *Steinar* im Namen her. Meinst du nicht auch, Leifur?«, fragt Una, den strengen Blick auf ihren Mann gerichtet.

»Ja, dem stimme ich zu«, sagt Leifur, »und ich denke auch, Susi, dass deine Vermutung mit dem *huldufólk* stimmen dürfte.«

»Das glaube ich auch«, bestätigt Una nickend.

»Mhm, mir ist nicht so wohl bei der Sache«, meine ich verunsichert. »Ich weiß ja nicht, ob die Elfen oder Zwerge, oder welche Naturvölker dort auch leben mögen, damit einverstanden sind, dass ich dort wohnen will.«

»Frag sie doch einfach«, sagt Una und verblüfft mich.

»Wie jetzt ...?«, frage ich verwirrt.

»Na, geh da einfach noch mal hin und frage sie«, wiederholt Una, als wäre das die normalste Sache der Welt.

»Und wie soll das gehen?«, frage ich, immer noch staunend. »Einfach rein und sagen: ›Hallo, hier bin ich, fändet ihr es okay, wenn ich auch hier wohnen würde?‹?«

»Nein, nein«, sagt Una. »Das musst du schon mit dem gebührenden Respekt machen: Du gehst in das Haus und hältst inne, fokussierst dich auf den Ort und alles, was darin ist. Und dann fühlst du, wie das für dich ist. Kannst du da ganz mit dir im Reinen sein, oder gibt es etwas, das dich zurückhält, was dich stört? Und Susi: fühlen, nicht denken! Wenn du dir nicht sicher bist, dann frag einfach ein Medium, das dich begleiten kann. Das Medium wird dann schon sehen, ob es da Bewohner einer anderen Dimension gibt und ob die damit einverstanden sind, dass du dort auch wohnst.«

Irgendwie klingt Unas Antwort sehr sonderbar in meinen Ohren, einerseits. Andererseits aber auch wieder ziemlich einleuchtend. Ich hatte zwar immer schon von Elfen und Trollen gelesen, bisher waren das für mich aber nur Geschichten gewesen. Einen wirklichen Bezug zur Realität gab es da für mich bisher nie.

»Ich habe mich dort auf den Fußboden gelegt und mich einfach nur gut gefühlt, mich gefreut«, gestehe ich den beiden.

»Das ist doch schon mal ein gutes Zeichen«, sagt Leifur erfreut. »Ich glaube, wenn da noch *huldufólk* wohnt und es wäre mit deiner Gegenwart nicht einverstanden gewesen, hättest du das recht schnell gemerkt.«

»Ich hätte nie damit gerechnet, dass ich einmal so direkt mit dem *huldufólk* zu tun bekomme«, erwidere ich, mittlerweile sehr gespannt auf das Kommende. Irgendwie ist es ja auch eine tolle Vorstellung, wenn ich wirklich in einem Haus leben könnte, das gleichzeitig auch von kleinen, unsichtbaren Bewohnern bevölkert wäre.

Sachen gibt's in Island!

»Ach, Kind«, sagt Una kopfschüttelnd. »Du fährst doch seit Jahren fast jeden Tag auf dem Álfhólsvegur, oder nicht?«

»Ja, schon«, antworte ich ahnungslos, »was ist daran so besonders?«

»Hast du dich nie gefragt, warum diese Straße ›Elfenhügelstraße‹ heißt?«, fragt Una.

»Nicht wirklich«, muss ich bekennen.

»Du hast aber schon bemerkt, dass an einer Stelle die Straße für ein kurzes Stück plötzlich so eng wird, dass sie keine zwei sich entgegenkommenden Autos gleichzeitig passieren können?«, fragt Leifur mit seiner tiefen Stimme auf einmal aus dem Nebenzimmer, in dem der Aschenbecher steht.

»Ja, natürlich, aber ...«

Er wartet meine Antwort nicht ab: »Dann hast du ja wahrscheinlich auch den großen Stein am Straßenrand gesehen. In diesem Stein wohnen Elfen«, erklärt Leifur. »Als die Straße gebaut wurde, gingen an dieser Stelle die Gerätschaften der Straßenbaufirma auf einmal kaputt. Es wollte einfach nicht gelingen, den Stein wegzuhieven. Dann kamen Leute aus dem Ort und sagten, dass das auch nicht so einfach gehe, schließlich wohnen in diesem Stein

Elfen – und die müsse man erst fragen, ob sie bereit wären umzuziehen. Also hat die Gemeinde ein Medium beauftragt: Diese Frau ist da hingegangen und hat mit den Elfen Kontakt aufgenommen. Die wollten aber unter keinen Umständen umziehen. Da man dann zu viel Angst davor hatte, dass die Elfen sich zum Beispiel mit schrecklichen Verkehrsunfällen an dieser Stelle rächen würden, hat man mit ihnen ausgehandelt, dass die Straße hier zwar an ihrem Stein vorbeiführen würde, der Stein selbst mit den Elfenwohnungen jedoch bleiben könne.«

»Deshalb ist die Straße dort so verengt?«, frage ich überrascht.

»Genau deshalb«, sagt Leifur und nickt. »Und wenn du genau hinschaust, siehst du, dass bei den Hausnummern der Menschenhäuser eine Nummer ausgelassen wurde. Die bleibt für die Elfen reserviert.«

Ich staune.

»Ja, ja«, meint Una bestätigend.

Natürlich wusste ich um die Volksmärchen und Erzählungen um das *huldufólk*. Dass der Glaube an seine Anwesenheit aber immer noch so weit verbreitet ist, war mir bisher nicht klar. Nicht nur für Una und Leifur scheint seine Existenz völlig normal zu sein und zum Alltag zu gehören.

»Aber wieso sehe ich dann nie eine Elfe oder einen Troll oder einen Zwerg oder was es da auch immer gibt?«, frage ich nach.

»Weil du sie nur zu Gesicht bekommst, wenn sie wollen, dass du sie siehst«, erklärt Una. Ob sie in ihrem langen Leben wohl schon mal so eine Gestalt gesehen hat?

»In deinem Fall mit dem Haus in Stokkseyri«, sagt Leifur, »glaube ich, dass sie da entweder nicht mehr wohnen oder sie aber damit einverstanden sind, dass du dort wohnen wirst. Wie gesagt, andernfalls hättest du das gleich von Anfang an zu spüren bekommen.«

Das beruhigt mich nun doch, und ich verabschiede mich mit einer herzlichen Umarmung von den beiden.

Heute habe ich wieder viel dazugelernt, geht mir durch den Kopf, als ich hinunter in meine Wohnung steige – vor allem, dass Island viel bevölkerungsreicher ist, als ich bisher annahm.

Einzug in ein neues Leben: Selbst ist die Frau

Ich bin mir sicher: Ich möchte dieses Haus, mein Traumhaus, unbedingt kaufen. Trotz Anraten von Freunden und Bekannten und auch des Immobilienmaklers habe ich mir kein weiteres Haus mehr angesehen.

Der angesetzte Preis ist sicher nicht hoch im Vergleich zu den Angeboten in Reykjavík. Dennoch wirkt der Kaufpreis für mich im ersten Moment, als ich ihn höre, unerschwinglich.

»In diesen Krisenzeiten kannst du schon unter den Preis gehen, den sie verlangen«, berät mich Helgi Jón. Ich sage ihm, dass ich aber sowieso erst mal schauen müsse, ob und wie ich das Geld überhaupt zusammenkriege.

Als ich noch in Deutschland gearbeitet und mit dem Gedanken gespielt hatte, mich dort in eine Praxis einzukaufen, hatte ich etwas Geld auf die Seite gelegt. Ein bisschen Vermögen habe ich auch schon in Island angespart. So kratze ich denn alles zusammen, was ich habe. Aber ich muss trotzdem sicherlich auch noch eine Hypothek aufnehmen. Das möchte ich aber nicht in Island tun. Denn dort ist es üblich, nicht nur Zins zu zahlen, sondern darüber hinaus auch noch jedes Jahr einen Inflationsausgleich. Das bedeutet de facto, dass man sein Haus fast nie abbezahlen kann. Die Schuld wird durch diese Verfahren immer größer.

Seit der Finanz- und vor allem Bankenkrise in Island 2008 gibt es aber auch Hypotheken, bei denen man nur Zinsen bezahlt und keinen Inflationsausgleich. Da ist die Zinsrate dann aber deutlich höher und dementsprechend wenig attraktiv.

Ich frage also bei meiner Bank in Deutschland nach, und tatsächlich gewährt sie mir als langjähriger Kundin einen Kredit. Meiner Tante Sybille wiederum gefiel das Haus bei ihrem Besuch so sehr, dass sie, die mich im Übrigen zusammen mit meinem Onkel immer schon großzügig in allen Lebenslagen unterstützt hat, mir zu meiner großen Freude auch hier ihre finanzielle Unterstützung anbietet, um meinen Traum vom Haus am Meer Wirklichkeit werden zu lassen.

Tatsächlich bekomme ich so das Geld zusammen und kann ein Angebot machen. Ich bin überglücklich und hoffe inständig, dass meinem Hauskauf nun nichts mehr im Wege steht.

Der Makler bedankt sich für mein Angebot.

»Es ist in der Zwischenzeit so«, sagt er, »dass es auch noch eine andere Partei gibt, die ein Angebot abgegeben hat. Wir legen der Eigentümerin nun beide Angebote vor. Sie entscheidet dann, welches sie annehmen möchte ...«

Mir stockt der Atem.

»Ich habe mal nachgeschaut und Erkundigungen eingeholt«, hilft mir Helgi Jón, den ich auf diesen Schrecken hin kontaktiere. »Die Eigentümerin ist eine Witwe, die nach dem tödlichen Unfall ihres Mannes eine hohe Lebensversicherung ausbezahlt bekommen hatte. Davon kaufte sie zwei Häuser in Stokkseyri. Als sie gerade anfing, das erste zu renovieren, kam allerdings die Krise, und sie verlor es schließlich an die Bank, die ihr für die Renovierung einen größeren Kredit eingeräumt hatte, den sie dann nicht mehr bedienen konnte. Sie ist also heilfroh, dass sie Dvergasteinar noch selbst verkaufen kann.«

»Und weißt du auch was über den anderen Interessenten?«, frage ich beunruhigt.

»Ja, da habe ich leider nicht so gute Nachrichten für dich. Es handelt sich um eine Firma, die aus dem Haus ein Guesthouse für Touristen machen will. Ich nehme mal an, dass sie angesichts der

Lage des Hauses bestimmt kein schlechtes Angebot machen werden«, meint Helgi Jón.

»Das macht das Ganze nicht wirklich einfacher«, stimme ich ihm niedergeschlagen zu.

»Weißt du, Susi«, macht er mir Mut, »du hast geboten, was dir möglich war. So kannst du sagen, ich habe es zumindest versucht. Und im schlimmsten Fall gibt es ja noch mehr Häuser, die auf einen Käufer warten.«

Das stimmt natürlich. Ich habe mir überhaupt wirklich bisher nur dieses eine Haus angeschaut. Und dabei soll es auch bleiben! Wo ist denn auf einmal mein Optimismus hin?

Im Stillen hoffe ich, dass auch die Elfen lieber ihre Ruhe haben statt rummeligem Tourismus.

Ich ignoriere meine Bedenken geflissentlich und fliege zur Ablenkung ein paar Tage später zu meiner Mutter nach Deutschland, um etwas Urlaub zu machen. Jetzt heißt es einfach abwarten und Daumen drücken.

Als ich dann gerade zusammen mit meiner Mama, Rolf und Tante Sybille bei einem schönen Stück Kuchen und Kaffee sitze, klingelt plötzlich mein Handy. Ich erkenne die Nummer des Maklers. Das Herz rutscht mir in die Hose.

»Der Makler«, sage ich, und die anderen verstummen sofort. Vor Aufregung lasse ich beinahe mein Mobiltelefon fallen.

»Hallo, Susi«, erklingt es am anderen Ende der Leitung fröhlich. Die Spannung bei uns im Raum ist zum Schneiden, meine Familie fiebert mit mir mit, alle halten die Luft an.

»Also, um dich nicht länger auf die Folter zu spannen ...«, fährt der Makler fort – komm endlich zum Punkt, denke ich, während er redet und den alles entscheidenden Satz vorbereitet, und mir wird gleichzeitig heiß und kalt – »... du hast den Zuschlag erhalten, Gratulation!«

»Jaaaa«, rufe ich und mache einen Freudensprung. »Ich habe das Haus!«

»Dann habe ich also doch das höhere Angebot abgegeben?«, frage ich.

»Nein, Susi«, sagt er, »das andere Angebot war höher. Aber die alte Dame wollte, dass du das Haus bekommst und es nicht irgend so ein Touristending wird. Komm bitte bald bei mir im Büro vorbei, sodass wir den Vertrag machen können.«

»Natürlich. Ich kann es kaum erwarten, bis es endlich wirklich mir gehört!«, verspreche ich mit pochendem Herzen.

Ich bin überglücklich, als ich das Telefon nach unserer Verabschiedung wieder aus der Hand lege.

Jetzt wird erst mal angestoßen!

In der Zwischenzeit hat meine Mama schon den Champagner aus dem Kühlschrank geholt.

»Das muss angemessen gefeiert werden«, sagt sie, und der Korken knallt fröhlich an die Decke.

Zurück in Island unterschreibe ich überglücklich den Kaufvertrag. Das Bauchgefühl hat recht behalten.

Das Erste, was ich kaufe, ist eine Heckenschere, um wenigstens schon mal einen Weg vom Gartentor zum Haus durch die mannshohen Disteln freizuschneiden. Anschließend muss ich mich um die Handwerker kümmern.

Ein Enkel meiner bisherigen Vermieter ist Maler, den frage ich, ob er mir bei den Renovierungsarbeiten zur Seite stehen könne. Es ist ja immer besser, wenn man jemanden kennt, der unter Umständen einen kennt ... Una und Leifur freuen sich jedenfalls, dass ich an ihn gedacht habe, und legen ein gutes Wort für mich ein.

»Siggi«, sage ich zu ihm, »schau dir das Haus an, und mache mir einen Kostenvoranschlag. Wenn der in Ordnung ist, gebe ich dir den Schlüssel, und dann kannst du den Sommer über, wenn ich in Deutschland bin, alles streichen.

Über einen Freund organisiere ich zudem einen vielseitig begabten Zimmermann, der das Bad auf Vordermann bringen soll.

»Mitte September muss alles fertig sein, dann ziehe ich ein. Das klappt doch sicher?«, frage ich die beiden.

»Kein Problem, geht klar«, antworten sie wie aus einem Munde.

Alle Absprachen sind damit getroffen, und ich fahre mit einem guten Gefühl in den Sommerurlaub.

Wenn ich Mitte September zurückkehre, kann ich in mein Traumhaus einziehen.

Alte Liebe rostet nicht

Während in Island die Renovierungsarbeiten an meinem Traumhaus zugange sind, gehe ich wie jedes Jahr mit meinen Eltern – und seit dem Tod meines Papas alleine mit meiner Mama – auf die Insel Juist in Urlaub und führe so eine alte Familientradition fort. Normalerweise feiern wir hier dann meist den Geburtstag meiner Mama im August.

Kurz vor unserer Abreise bekomme ich eine E-Mail von einem Mann, dessen Nachnamen ich noch nie gehört habe, dessen seltener Vorname mir aber schon etwas sagt. Bruchstückhafte Erinnerungen aus der Vergangenheit spülen wieder an die Oberfläche.

Interessant, denke ich und öffne die Mail. Sie ist tatsächlich von Kolja, meinem alten Schulfreund aus Kindertagen. Mit ihm zusammen wurde ich 1978 eingeschult. Seit diesem Tag der Einschulung mit übergroßer Schultüte waren wir unzertrennlich, haben uns unsterblich ineinander verliebt. Natürlich saßen wir immer nebeneinander, bis wir von der Klassenlehrerin getrennt wurden, weil wir dem Unterricht nicht folgten, sondern so mit uns selbst beschäftigt waren, dass wir alle und alles um uns herum vergaßen.

Auch nach der Schule hingen wir ständig zusammen, spielten mit Lego und Playmobil, verbrachten fast jede freie Sekunde miteinander, sowohl in der Wohnung seiner Eltern als auch im Garten bei meiner Familie.

Das Größte war freilich, dass auch seine Eltern jedes Jahr mit Kolja nach Juist fuhren, allerdings beruflich bedingt. Wir waren also auch in den Ferien unzertrennlich und verbrachten viel Zeit mit dem Bau von Sandburgen.

Das ging zwei Jahre so. Dann zogen Koljas Eltern in eine andere Stadt, und wir konnten uns nicht mehr treffen. Aus meinen alten Tagebucheinträgen kann ich heute noch sehen, wie geschockt ich von der Trennung war und wie lange ich ihm nachtrauerte.

In der Folge haben wir uns vollkommen aus den Augen verloren. Nur einmal noch, an meinem 18. Geburtstag, kurz vor dem Abitur, tauchte Kolja plötzlich mit seinem Motorrad bei mir auf. In meinem Leben drehte sich damals aber schon alles um Pferde. Ich war mit fast nichts anderem beschäftigt. Und Kolja hatte unglückseligerweise mit Pferden so rein gar nichts am Hut. Der Kontakt riss deshalb bald endgültig ab – und wir haben seither nichts mehr voneinander gehört.

Bis zu diesem Augenblick, als ich gerade die Koffer für den Urlaub in Juist packe.

Irgendwie freue ich mich, ein Lebenszeichen von ihm zu bekommen, wundere mich aber auch, warum er gerade jetzt auf einmal schreibt. Wobei er gar nicht so viel über sich mitteilt.

Da sein Nachname nicht mehr sein Geburtsname ist, nehme ich an, dass er geheiratet und den Namen seiner Frau angenommen hat. In seiner Mail äußert er sich dazu nicht. Er schreibt nur, dass er an mich gedacht habe, und fragt, ob ich mit meiner Familie immer noch nach Juist fahre, um dort Urlaub zu machen – und ob ich damit einverstanden sei, wenn er ebenfalls für ein paar Tage dorthin komme, damit wir uns mal wieder treffen können.

Ich bin doch ziemlich überrascht über diese Mail, denn es ist ganze 24 Jahre her, seit wir uns das letzte Mal gesehen haben.

Ich habe in Island gerade erst ein Haus gekauft und durchaus nicht die Absicht, in Deutschland mit jemandem anzubandeln. Mir ist nicht mal klar, ob ich überhaupt eine Beziehung möchte. Seit ich in Island wohne, lebe ich allein, und ich finde das eigentlich auch gut so. Es gefällt mir durchaus, dass ich es als Frau allein in einem fremden Land so weit gebracht habe. Wenn ich so darüber nachdenke, habe ich doch schon ganz schön was erreicht. Und das alles ohne einen Mann an meiner Seite. Den brauche ich also nicht wirklich. Mir jetzt Gedanken über eine Beziehung machen zu müssen, romantischen Träumen nachzuhängen, das wäre mir eher lästig.

Aber natürlich habe ich meiner Mama von Koljas Mail erzählt, und die war sofort begeistert von einem Treffen.

»Ach, das ist doch eine tolle Idee, Kind«, schwärmt sie, »erinnere dich doch mal, wie schön ihr es immer hattet, ihr wart ein Herz und eine Seele. Also, Kolja würde ich ja gern mal wiedersehen. Lade ihn doch zu meinem Geburtstag ein, den ich auf Juist feiere, dann gehen wir schön zusammen essen. Da freue ich mich drauf.«

Ich bin sprachlos. Juist ist für mich immer eine Auszeit von allem. Am liebsten schaue ich das Handy nicht mal aus der Ferne an, möchte einfach nur am Strand liegen, ein gutes Buch lesen, am Meer entlang spazieren gehen und mit niemandem etwas zu tun haben. Aber gut, die Mutter hat natürlich das letzte Wort.

Also schreibe ich ihm, dass es schön sei, dass er sich noch an mich erinnere und meine Mama sich freuen würde, wenn er zu ihrem Geburtstag nach Juist käme.

Meine Begeisterung hält sich also auch in meiner Mail in Grenzen.

Einen Tag später fahre ich mit meiner Mama auf die Insel.

Wir hören zunächst nichts mehr von Kolja. Bis zwei Tage vor ihrem Geburtstag. Da erreicht mich eine Mail, er habe gebucht, komme in zwei Tagen an und bleibe für zwei Nächte. Er nennt den Namen der Pension, erzählt aber noch immer nichts über sich. Ich habe keine Ahnung, ob er allein kommt oder mit seiner Familie.

Ich nehme mir vor, ihn von der Fähre abzuholen. Es kommt nur eine pro Tag an, das sollte also kein Problem sein.

Ich mache mich mit dem Fahrrad im strömenden Regen auf den Weg zum Schiffsanleger, denn Juist ist autofrei. Als ich am Hafen ankomme, liegt das Schiff zwar noch vor Anker, hat sich aber bereits seiner Gäste entledigt. Anrufen kann ich Kolja nicht, da wir vergessen haben, unsere Telefonnummern auszutauschen. Wir hatten bis dahin nicht ein einziges Mal telefoniert, sondern nur über E-Mail und Kurznachrichten miteinander kommuniziert. Mir bleibt also nichts anderes übrig, als zur Pension zu fahren, in der er reserviert hat, und zu hoffen, dass er dort irgendwann eintrifft.

Der Regenguss ist kräftig, aber kurz, die Sonne scheint wieder, als ich vor der Pension auf ihn warte.

Ich stehe noch nicht lange dort, als ich ihn auch schon erkenne, durchnässt und einen Koffer hinter sich herziehend. Als ich ihn so kommen sehe, überwiegt dann doch die Freude bei mir. Komischerweise macht er aber nicht wirklich einen glücklichen Eindruck.

Mhm, denke ich mir, er wollte mich doch unbedingt wiedersehen. Das war doch nicht meine Idee, wieso guckt denn der jetzt so bedröppelt?

Nach einer kurzen Begrüßung rate ich ihm, erst mal einzuchecken und auf sein Zimmer zu gehen, um sich etwas Trockenes anzuziehen.

»Und dann kannst du ja zum Strand kommen. Unser Strandkorb ist der letzte in der Reihe am Hundestrand, meine Mama ist auch dort. Wir haben Champagner dabei, schließlich ist es ja ihr Geburtstag.«

Ich fahre also schon mal vor zum Strand. Nach der unterkühlten Begrüßung bin ich mir doch wieder recht unsicher, ob es eine gute Idee war, Kolja überhaupt wiederzusehen. Ich weiß nicht wirklich, was die nächsten zwei Tage bringen sollen.

Meine Mama freut sich allerdings riesig, als ich ihr sage, dass Kolja gleich nachkomme.

Kurze Zeit später schaut meine Mutter auf einmal in Richtung Strandpromenade.

»Ach, guck mal, Müppi, da kommt er«, sagt sie erfreut.

»Wie kannst du das denn wissen, Mama, der ist doch noch so weit weg.«

»Nein. Das ist Kolja, da bin ich mir ganz sicher. Ich erkenne ihn am Gang.«

»Wie, du erkennst ihn am Gang? Du hast Kolja doch auch, seit er acht Jahre alt war, nicht mehr gesehen. Dann kannst du ihn doch heute nach all den Jahren nicht am Gang erkennen«, sage ich ungläubig.

»Doch, doch, das ist er, ganz bestimmt, glaub's mir.« Sie winkt mittlerweile schon ganz aufgeregt in seine Richtung.

Mir ist das alles etwas peinlich.

Doch tatsächlich, sie hat recht! Es ist Kolja.

Er kommt zu uns, begrüßt meine Mama und gratuliert ihr. Dann stoßen wir erst mal mit Champagner auf den Geburtstag meiner Mutter an und plaudern über früher.

Taktvoll zieht sich meine Mama nach einiger Zeit auf den Liegestuhl zurück und überlässt uns den Strandkorb.

Ich weiß nicht so recht, wie ich mich verhalten, wie ich die Situation einschätzen soll. Ich merke, wie ich mich ganz in die eine Ecke des Strandkorbs verdrücke, meine Arme verschränke, und wundere mich über mich selbst: Die, die immer alles so gut im Griff hat, zieht sich auf einmal fast völlig zurück.

Habe ich etwa Angst vor meinen Gefühlen?

Wie auch immer, das Gespräch zwischen uns kommt nicht so richtig in Gang.

Nach einer Weile mühsamer Konversation kommen wir auf die Idee, einen Strandspaziergang zu machen, wie wir es früher als Kinder auch getan hatten. Das macht es für uns tatsächlich einfacher, miteinander ins Gespräch zu kommen.

Wir knüpfen an bei dem, was wir teilen, was uns gemeinsam ist: unseren Kindheitserinnerungen an diesen Ort. Bald schon schwelgen wir in Erinnerungen. Je weiter wir wandern, desto mehr nähern wir uns einander an und fühlen erneut, was uns damals verbunden hat, vergegenwärtigen uns, was wir als Kinder schon alles miteinander erlebt haben. Wir erinnern uns, wie wir gemeinsam Krabben und Seesterne gesammelt, sie zur Freude unserer Eltern in der Küche ausgebreitet und im Backofen getrocknet haben. Beide tragen wir Details bei und schmücken sie aus.

Inzwischen lachen wir auch viel miteinander, sind entspannter.

Abends gehen wir in ein Lokal, das wir von früher her noch kennen. Das sind sehr schöne Momente, die sich für mich anfühlen wie ein wohlig warmes Bad. Ich fühle mich in der Nähe dieses fremden Menschen immer wohler. Oder ist er mir am Ende gar nicht so fremd?

Als Koljas Abreise naht, bringe ich ihn zum Anleger – und es ist mir ein Bedürfnis, ihn zur Verabschiedung herzlich zu umarmen. Als ich ihn drücke, fühlt es sich von seiner Seite allerdings nur wie eine recht lieblose Pflichtübung an.

Wie peinlich, denke ich im Stillen, dass ich mich hier so verwundbar zeige und von seiner Seite überhaupt nichts kommt.

Oh nein, denke ich, hat der jetzt schon genug von mir? Vielleicht hat er es jetzt ja schon bereut, dass er überhaupt gekommen ist. Habe ich doch zu viel erzählt? Bin ich vielleicht nicht mehr die Person, die er von damals kannte? All diese Gedanken rasen durch meinen Kopf.

So abwartend, wie ich vor drei Tagen noch war, so enttäuscht bin ich jetzt, dass er sich so lieblos von mir verabschiedet.

Als ich wieder bei meiner Mama am Strand sitze, lassen mich die Gedanken an Kolja nicht mehr los. Ich habe Schmetterlinge im Bauch, finde keine Ruhe, fange gleich an, ihm einen Brief zu schreiben. Zum Glück habe ich ein kleines Notizbuch dabei, so klein, dass ich in winziger Krakelschrift schreiben muss und es doch im Nu voll ist: mit all den Geschehnissen, an die ich mich noch erinnern kann, mit dem, was ich ihm unbedingt noch erzählen will.

Was für eine komische Situation, denke ich und merke, wie ich von meinen Gefühlen überrumpelt werde, es aber noch gar nicht so richtig wahrhaben möchte.

Wir telefonieren immer noch nicht, sondern senden uns kleine Kurznachrichten. Am Strand ist das Netz so schlecht, dass ich mich zur Verwunderung meiner Mama immer in den Strandkorb stellen muss, um ein Funksignal zu bekommen. Und diese neue Übung führe ich so einige Male pro Stunde durch. Jedes Mal, wenn ich das Piepen des Telefons höre, wird mir warm ums Herz in der Hoffnung auf eine neue Botschaft von ihm.

Das Handy ist von nun an immer mit dabei, ganz gegen meine sonstige Juist-Gewohnheit.

Nach unserer Rückkehr von der Insel habe ich noch einige Tage frei, bis ich wieder nach Island fliege, und Kolja und ich verabreden uns dann doch noch einmal ganz spontan.

Er lädt mich zum Abendessen ein, und ich denke mir, vielleicht nehme ich sicherheitshalber meine Zahnbürste mit. Man weiß ja nie, was so alles passieren kann.

Kolja besitzt ein altes unter Denkmalschutz stehendes Haus in Kamen.

In der Zwischenzeit weiß ich etwas mehr von ihm: dass er verheiratet war, geschieden ist und keine Kinder hat. Vor allem Letzteres nehme ich mit Erleichterung zur Kenntnis. Ich wollte nie selbst Kinder, habe nie diesen Wunsch verspürt, auch nicht, als ich älter wurde. Meine biologische Uhr hat nie laut getickt. Dagegen genieße ich meine Freiräume. Ich brauche Luft zum Atmen und wollte schon immer meinen eigenen Weg gehen. Mit Kindern jedoch muss man,

ob man will oder nicht, Kompromisse bezüglich der eigenen Lebens-
planung schließen.

Nun gut, grundsätzlich wäre die Möglichkeit einer Beziehung also
gegeben. Bleibt, dass wir in zwei verschiedenen Ländern mit einem
Ozean dazwischen wohnen und dort jeweils beide ein Haus besitzen ...

Nachdem ich mein Auto geparkt habe, klingle ich an seiner
Haustür.

Kolja begrüßt mich herzlich, und wir machen es uns in der Küche
bequem. Ich fühle mich gleich wohl in dem alten Haus.

Er hat einen Aperitif vorbereitet, den wir auch auf Juist ge-
trunken haben. Wie aufmerksam, denke ich, der Anfang ist schon
mal vielversprechend. Wir müssen uns wohl beide erst mal Mut antrinken, bevor wir zusammen essen gehen, das war schließlich der
Plan. Und anscheinend müssen wir uns beide sogar recht viel Mut
antrinken, denn die erste Flasche hält nicht lange vor.

Als sie leer über den Küchentisch kullert, haben wir beide gar
nicht mehr so richtig Lust, noch auszugehen. Zum Glück hat Kolja
aber noch so einiges an Nachschub im Kühlschrank.

Wir bleiben bei ihm zu Hause und erzählen von unserem Leben.
Der Alkohol tut seine Wirkung, wir entspannen uns beide, die Stimmung wird immer vertrauter.

Wir sind uns zwar als Erwachsene noch recht fremd, haben aber
doch noch dieses Grundvertrauen aus Kindertagen zueinander. Das
erleichtert es enorm.

Es ist sehr schön, zusammen mit ihm dazusitzen, zu erzählen,
zuzuhören, ihn anzuschauen und mir darüber bewusst zu werden,
wie viele Gemeinsamkeiten wir doch noch haben.

Irgendwie kommen wir hier nicht so richtig weiter. Zwischen
uns ist jetzt ein Meter Massivholz-Küchentisch, und Kolja kommt
einfach nicht in die Pötte. Eigentlich wäre jetzt doch der Zeitpunkt,
dass er mal einen ersten Schritt macht. Wir verstehen uns gut, sind

auf einer Wellenlänge, hören zu und erzählen im Wechsel. Es muss ihm doch auch irgendwie klar sein, dass ich ihn gut finde, schließlich bin ich ja extra hierhergekommen. Wäre ich nicht an ihm interessiert, wäre ich doch gar nicht erst da. Jetzt könnte man sich doch auch mal körperlich etwas näherkommen.

So langsam werde ich ungeduldig, aber es passiert überhaupt nichts: Er sitzt einfach auf seinem Hocker am Küchentisch, hört mir abwechselnd gebannt zu oder erzählt aus seinem Alltag.

Dann fällt mir ein, dass ich Fotos von meinem Opa eingesteckt habe. Kolja hat ihn als Kind noch gekannt und mich darum gebeten, einige Aufnahmen von ihm mitzubringen. Die Fotos sind alle schwarzweiß und recht klein.

Das ist die Möglichkeit, um auf elegante Weise auf die andere Seite des Tisches zu gelangen und etwas Körperkontakt herzustellen, solange ich ihm die Fotos zeige. Wenn er schon nicht aktiv wird, muss ich das eben übernehmen. Selbst ist die Frau!

Ich hole die Fotos aus meinem Geldbeutel – es sind nur sechs, sieben Stück – und überlege mir gleichzeitig schon, was wir machen, wenn wir alle Fotos angeschaut haben ... Muss ich dann unverrichteter Dinge wieder auf meine Tischseite zurückkehren – oder gibt es eine andere Möglichkeit? Wird Kolja womöglich gar die Initiative ergreifen?

Meine Hoffnung erweist sich als trügerisch. Denn Kolja macht natürlich gar nichts. Und jetzt gucken wir uns die Fotos sogar schon zum dritten Mal an, ohne dass er auch nur mit der Wimper zuckt.

So langsam wird mir das Ganze doch zu bunt.

»Sag mal«, frage ich ihn mit durchdringendem Blick, »hast du auch eine Couch?«

Er schaut mich mit großen Augen an und meint harmlos: »Ja, ich habe wohl eine Couch, da habe ich aber noch nie drauf gesessen. Da schlief immer nur der Hund drauf.«

»Der, den du erst vor Kurzem einschläfern lassen musstest?«, frage ich vorsichtig nach.

»Ja«, sagt Kolja traurig und blickt betreten auf den Fußboden.

Ich lasse mir die Stimmung allerdings nicht vermiesen und sage mit mitfühlender Stimme, aber auch sehr direkt: »Na, dann lass uns doch das Sofa mal testen, der Hund sitzt ja nun definitiv nicht mehr darauf.«

Kolja nimmt es zum Glück gelassen, und ich kann ihn tatsächlich davon überzeugen, auf die Couch zu wechseln.

Dort angelangt, kommen wir uns so langsam endlich auch körperlich näher. Kolja entspannt sich merklich. Unsere Knie berühren sich absichtlich aus Versehen. Unsere Vorsicht weicht langsam einer gewissen Neugier. Unsere Fingerspitzen tasten langsam fragend immer mehr Stellen unserer Körper ab.

Wir lassen beide die Hände des anderen zu, an ein Gespräch ist jetzt nicht mehr zu denken. Wir fühlen nur noch, schauen einander tief in die Augen, genießen. Unsere Gefühle fahren Achterbahn, unsere Lippen kommen einander näher.

Endlich scheint es so weit zu sein.

Da öffne ich die Augen und räuspere mich: Ich muss ihm dringend etwas sagen!

Kommt hier meine praktische Ader wieder einmal durch, und vermiese ich mir hier gleich den romantischen Abend? Es fühlt sich zwar gerade so an, als seien wir Teenager. Doch in unserem Alter glaubt man, sich selbst besser zu kennen und auch den anderen besser einschätzen zu können. Außerdem denkt man an die Zukunft, schließlich haben wir beide ja schon einen wichtigen Teil unseres Lebens hinter uns, stehen mitten im Beruf, haben Wurzeln geschlagen, da, wo wir wohnen.

Ich möchte es einfach auf keinen Fall unterlassen, gleich von Anfang an reinen Tisch zu machen mit Blick auf das, was da möglicherweise auf ihn zukommen wird.

Ich lege sanft meinen Zeigefinger auf seinen Mund, bevor wir uns küssen, und schaue ihm tief in die Augen.

»Kolja, du musst dir schon im Klaren darüber sein, dass du den Rest deines Lebens wohl oder übel in Island verbringen musst, wenn das hier jetzt weitergeht mit uns und wir tatsächlich eine Beziehung eingehen sollten. Ich werde diese Insel jedenfalls nicht verlassen.«

Kolja schaut mich ganz versonnen an.

»Ja, ja«, sagt er, ein sehr deutsches »Ja, ja«, von dem ich nicht so genau weiß, ob er tatsächlich ernst nimmt, was ich gerade gesagt habe, und die Konsequenz dessen wirklich versteht.

Ich werde ihn zu gegebener Zeit daran erinnern, ist das Letzte, was ich noch einigermaßen klar denken kann. Denn in diesem Moment kann mir das alles schnurzpiepegal sein.

Ich versinke in seinen Augen, fühle seine Arme um mich und die Wärme seines Gesichts, das langsam wieder näherkommt. Ich schließe meine Augen und spüre seine feuchten, warmen Lippen auf den meinen und gebe mich ganz meinen Gefühlen hin, genieße die Geborgenheit und den Augenblick.

Für den Rest des Abends und der Nacht testen wir nicht nur die Couch ausgiebig.

Zum Glück habe ich meine Zahnbürste dabei.

Am nächsten Morgen müssen wir uns dann leider recht schnell voneinander verabschieden, auch wenn wir kaum voneinander lassen können. Kolja muss beruflich früh nach München, ich muss zurück, um meine Koffer zu packen. Morgen schon fliege ich wieder nach Island.

Mit Kribbeln im Bauch steige ich ins Flugzeug. Ich kann es kaum glauben, dass ich mich mit über vierzig doch tatsächlich noch einmal in meinen alten Kindheitsfreund verliebt habe.

Ich fühle mich nun doch wie ein Teenager, fühle die Sehnsucht in meinem ganzen Körper aufsteigen.

Alles ist noch so frisch, spannend, ungewiss. Wann können wir uns endlich wiedersehen?

Mit dem Blick gen Norden: Zukunftsplanung

Obwohl Kolja und ich beide viel arbeiten, schaffen wir es mit einer ausgetüftelten Planung doch, abwechselnd zwischen Island und dem Kontinent hin- und herzufliegen. Aber auf Dauer, merken wir schnell, wird das schwierig.

»Länger als zwei Jahre halte ich das, glaube ich, nicht aus«, sage ich eines Tages etwas ernüchtert zu Kolja.

»Mir geht es ähnlich«, bestätigt er. »... Ich möchte nur erst endlich das Haus verkaufen, bevor ich komme. Und von meinen Möbeln und persönlichen Sachen werde ich mich wohl auch trennen müssen. Bei dir im Haus ist dafür doch gar kein Platz mehr?«

Ich bin unglaublich froh, dass Kolja sich tatsächlich dafür entschieden hat, mit mir zusammen sein zu wollen, und dass er auch zu mir nach Island ziehen möchte.

Eigentlich fühlt er sich ja überhaupt nicht wohl in kalten Ländern, liebt eher warme, südliche Gefilde. Deshalb versuche ich, ihm während seiner Besuche in Island die schönsten Seiten der Insel zu zeigen. Im Sommer miete ich einen faltbaren Wohnwagen, und wir erleben wunderbare Tage an Wasserfällen, Stränden und Bergen in den Westfjorden miteinander. Auf dem Weg Richtung Ísafjörður fahren wir mit unserem wackeligen Klipp-Klapp an sehr wenigen kleinen Orten vorbei. Bevor wir die steile und unbefestigte Straße zum westlichsten Punkt Islands und gleichzeitig Europas mit meinem alten blauen Volvo Cross Country erklimmen, entscheiden wir dem Auto zuliebe, den wackeligen Klipp-Klapp am Fuße des Steilhanges abzuhängen.

An der Landzunge Látrabjarg angekommen, parken wir auf dem kleinen Parkplatz und machen uns auf den Weg zu den sage und schreibe 450 Meter hohen, majestätischen Steilklippen. Das Wetter ist großartig: strahlend blauer Himmel, Sonne und – was auch sonst – Wind. Seite an Seite blicken wir begeistert die 14 Kilometer lange Steilküste entlang und können sogar in der Ferne den schneebedeckten Zipfel des Gletschervulkans Snæfellsjökull ausmachen, der in Jules Vernes *Die Reise zum Mittelpunkt der Erde* als Eintrittspforte in die Unterwelt beschrieben wird.

Trotz des salzigen Windes schaffen wir es, Fotos im T-Shirt zu machen! Im Windschatten liegend, robben wir ganz nah an die Papageitaucher heran. So etwas Schönes haben wir selten gesehen.

Wir würden am liebsten ein kleines Taucherchen mit nach Hause nehmen. Ab jetzt sind wir große Lundi-Fans, wie die putzigen Vögel auf Isländisch heißen. Obwohl diese Tiere so niedlich aussehen und fast zahm scheinen, werden sie trotzdem noch von einigen Isländern zum Verzehr gefangen. Bei uns kommt so ein Vogel auf jeden Fall nicht auf den Tisch!

Im Winter genießen Kolja und ich die Eis- und Schneelandschaften, die das Land noch ruhiger und entspannter erscheinen lassen, als es sowieso schon ist. Am Wetter kann ich aber leider nichts ändern. Ich versuche, die Wetterkarten so optimistisch wie möglich zu interpretieren und die Sonnenstunden zu sammeln, wenigstens im Herzen. Der Winter aber bleibt dunkel und kalt und ist vor allem sehr lang, der Sommer immerhin entschädigt dafür mit seinen langen, hellen Tagen. Nur leider empfindet Kolja selbst die Temperaturen im Sommer mit 15 Grad als eher suboptimal. Und trotzdem wagt er den großen Schritt über den Ozean, um hierherzuziehen.

»Liebste, du wirst es kaum glauben«, Koljas Stimme klingt am Telefon einige Zeit später erleichtert, wenn auch nicht gerade höchsterfreut,

»ich habe soeben mein Haus verkauft. Zwar mit ziemlichem Verlust«, fügt er etwas zerknirscht hinzu, »aber ich möchte jetzt endlich hier in Deutschland einen Schlussstrich ziehen und ganz zu dir nach Island kommen. Meine Entscheidung steht fest, ich buche ein One-Way-Ticket und komme im Mai.«

»Oh ja«, ich bin sofort wie elektrisiert, »das ist ganz wunderbar! Ich freue mich riesig, dass du das alles für uns machst, Liebster!« Mir verschlägt es beinahe die Sprache. Kolja gibt für mich, für uns, tatsächlich seine Heimat auf, seinen Freundeskreis, seine Arbeit.

Ein bisschen ein schlechtes Gewissen habe ich deshalb schon. Meine Freude über diesen großen Schritt ist aber riesig und stellt alle Zweifel und Bedenken in den Schatten.

»Weißt du, wie ich mich am besten um einen Arbeitsplatz in Island bewerben kann?«, fragt Kolja. In dieser Hinsicht ist er sehr pragmatisch, was mir gut gefällt.

Denn das ist in der jetzigen Situation tatsächlich eine wichtige und ziemlich schwierige Frage. Bei mir war das relativ einfach, ich kannte meinen Kollegen Björgvin bereits aus dem Studium. Kolja hingegen muss sich erst mal orientieren. Als gelernter Zimmermann, so hoffe ich, sollten wir allerdings relativ schnell etwas für ihn finden. Vor allem die deutschen Tugenden sind in den Handwerksberufen in Island gern gesehen; Isländer selbst lassen häufig auch mal fünfe gerade sein und nehmen es mit der Pünktlichkeit meist nicht so genau. Auch ich selbst habe erst hier gelernt, was »Made in Germany« wirklich bedeutet. Möchte man Qualität haben, kauft man deutsche Produkte. Und das Gleiche gilt auch für den Handwerkssektor. Vor der Wirtschaftskrise waren hier einige deutsche Firmen im Baubereich tätig. Der Ruf der Qualitätsarbeit eilte ihnen voraus und ließ sie sehr erfolgreich werden.

»Dann frage ich mal in meinem Kundenkreis nach, wer einen kennt, der noch einen Zimmermann braucht«, verspreche ich Kolja.

und muss anfangen zu lachen, als ich mich das sagen höre. Anscheinend habe ich mich schon an die Landesart gewöhnt, alles über Beziehungen zu regeln.

»Wäre ja super, wenn das klappen würde«, meint Kolja. »Und erkundige dich doch bitte auch, wie das läuft mit Arbeitsamt, Arbeitserlaubnis, Papieren und den Behördengängen.«

»Mache ich. Wir kriegen das schon hin. Und ich schau mich auch gleich nach einem Sprachkurs für dich um.«

»Ja, ich weiß, du bist doch ganz gut im Organisieren«, motiviert mich Kolja.

Also frage ich von nun an auf meinen Fahrten zu den Pferdehöfen meine Kunden, ob sie vielleicht jemanden kennen, der noch einen Zimmermann brauchen kann. Eine gute Gelegenheit für Werbung in Koljas beruflicher Angelegenheit ergibt sich, als ich ein Pferd von Óli und Erna behandle. Ich mag die beiden sehr und kenne sie noch aus meiner Praktikumszeit in Akureyri. Da wohnten beide zeitweise in ihrem Pferdestall, weil sie ihr Wohnhaus vor dem Winter aufgrund von Materialmangel nicht fertigstellen konnten. Einige Jahre später zogen sie dann in die Nähe von Hella.

Óli ist selbst Zimmermann und Pferdezüchter und arbeitet an dem Bau des großen Vulkanmuseums am Ortseingang des Tausend-Seelen-Dörfchens Hvolsvöllur. Nach den Vulkanausbrüchen des Fimmvörðuháls und des Eyjafjallajökull im März 2010 beschlossen die Gemeinden am Fuße der Vulkane, ein großes Informationszentrum zu errichten, da Vulkanismus immer ein brisantes Thema in Island ist und die Lage in Hvolsvöllur direkt an der Ringstraße viele Touristen verspricht.

»Kommst du noch mit rein auf einen Kaffee?«, fragt Erna, als ich mit der Behandlung ihres Hengstes fertig bin.

Eigentlich nehme ich mir nur selten Zeit, länger bei Kunden zu verweilen. Meist warten die nächsten Termine schon, und die langen

Anfahrtswege auf teilweise unbefestigten Straßen muss ich auch immer einkalkulieren. Alles ist genau durchgetaktet, da kann ich meine deutschen Wurzeln nicht verleugnen. Heute aber passt es gerade, und so nehme ich die Einladung gern an.

Óli und Erna erzählen mir dann, wie sie die Woche zuvor mit zwanzig anderen Züchtern aus dem Südland unterwegs gewesen seien, Betriebe besucht und Hengste begutachtet hätten.

»Sag mal, Óli«, pirsche ich mich da langsam an, »du bist doch außer Pferdezüchter auch Zimmermann. Mein deutscher Freund ist ebenfalls Zimmermann und möchte demnächst nach Island ziehen. Weißt du vielleicht jemanden, der in der Nähe von Stokkseyri noch einen guten Mitarbeiter braucht?«

»Ja, ja«, sagt Óli und nimmt noch einen Schluck Kaffee, »auf dieser Fahrt, von der wir dir erzählt haben, war auch Gísli dabei, und wenn mich nicht alles täuscht, befindet sich sein Zimmermannsbetrieb sogar bei dir im Ort. Warte mal, ich glaube, ich habe seine Nummer gespeichert, dann rufen wir ihn doch gleich mal an.«

Wie ich diese unkomplizierte, spontane und anpackende Art der Isländer doch liebe.

»Gísli, hier ist Óli ...«

Óli erklärt ihm kurz mein Anliegen und wendet sich dann an mich.

»Hier, Susi, besprecht ihr das mal direkt miteinander«, brummt er und drückt mir sein Handy in die Hand.

Nach einigen Begrüßungsworten und nachdem ich erklärt habe, worum es geht, meint Gísli auf einmal: »Sag mal, bist du nicht die Knochenknackerin, die vor Jahren bei mir auf dem Hof war?«

»Das kann schon sein«, sage ich und suche in meinen Gehirnwindungen verzweifelt nach einer Erinnerung.

»Du warst damals bei Björgvin beschäftigt«, hilft er mir auf die Sprünge, »und ich glaube, ich war einer der Ersten, bei dessen Pferd du dieses Chirodingens angewendet hast.«

»Ah, ja, natürlich«, jetzt erinnere auch ich mich wieder, »du warst damals zuerst skeptisch, vor allem, als ich auf einmal mit meiner riesengroßen Styroporkiste um die Ecke kam. Dein Pferd fand die Kiste im ersten Moment auch sehr furchteinflößend. Und du dachtest, dass das Pferd sich für die Behandlung auf die Kiste legen sollte ...«

Wir lachen beide über diese kleine Episode.

»Ja, das war schon lustig, und das Pferd war danach nicht wiederzuerkennen. Das lief auf einmal wieder wie eine Eins«, lobt Gísli meine Arbeit.

»Das war das allererste Mal, dass ich in Stokkseyri war«, erinnere ich, »da bin ich auf dem Weg zu euch etwas zu schnell über eine Verkehrsschwelle gefahren. Plötzlich schepperte es, und mein Auspuff schleifte hörbar über den Boden. Du hast mir dann mit einem Freund geholfen und das Rohr irgendwie behelfsmäßig mit Heuband befestigt. So bin ich übrigens noch eineinhalb Jahre damit rumgefahren«, wundere ich mich noch nachträglich.

In Deutschland wäre ich mit einem solchen Auspuff irgendwann von der Polizei aus dem Verkehr gefischt worden. Hier in Island sieht man das alles nicht so eng. Wieder lachen wir beide ob unserer Erinnerungen und unseres unerwarteten Wiederhörens.

»Wann zieht dein Freund denn nach Island?«, kommt Gísli schließlich wieder zur Sache.

»Nächsten Monat, im Mai, kurz vor Pfingsten«, antworte ich.

»Okay, dann melde dich einfach, wenn er hier ist, und wir treffen uns. Mein Betrieb ist in Stokkseyri, da hätte er es auch nicht weit.«

Ich bedanke mich bei ihm und auch bei Óli und Erna.

Wieder im Auto rufe ich ganz euphorisch sofort Kolja an, der zwar noch etwas vorsichtig optimistisch, aber erst mal auch sehr froh darüber ist, zumindest einen Termin für ein Vorstellungsgespräch in Aussicht zu haben.

Kolja landet Mitte Mai in Keflavík. Ich hole ihn vom Flughafen ab, und wir liegen uns überglücklich in den Armen. Zum Glück ist er jetzt auch viel emotionaler als damals bei unserem ersten Treffen auf Juist.

Ich kann es kaum glauben, jetzt ist er also wirklich und leibhaftig hier bei mir in Island. Ab jetzt sind wir zusammen, haben endlich keine Beziehung auf Abstand mehr. Auf mich kommen nach über zwölf Jahren des Alleinlebens sicherlich auch so einige Veränderungen zu.

»Komm, lass uns gleich nach Hause fahren und feiern, dass du jetzt tatsächlich hier bist – ohne Rückflugticket«, schlage ich strahlend vor. »Wo ist denn dein Gepäck?«

»Wieso? Ich habe nur diesen einen Koffer«, sagt Kolja.

»Und der Rest? Hast du noch eine Palette gepackt für das Frachtschiff?«

»Nein«, erklärt Kolja ruhig, »ich dachte mir, du hast ja eh schon einen voll ausgestatteten, funktionierenden Haushalt, also brauche ich nicht viel anderes als meine Kleidung. Den Rest habe ich weggegeben.«

»Auch wieder wahr«, freue ich mich darüber, dass er das so unkompliziert gelöst hat.

Kolja fängt wirklich ein neues Leben an, wird mir deutlich. Und er gibt so einiges dafür auf, um mit mir zusammen sein zu können.

Am nächsten Tag rufen wir Gísli an. Er möchte schon morgen bei uns zu Hause vorbeikommen und sich mit Kolja unterhalten.

»Das ist ja auch ungewöhnlich«, wundert sich Kolja, »dass er hier vorbeikommt anstatt ich bei ihm in der Firma ...«

Dass in Island so manche Uhr anders tickt als in Deutschland, wird ihm während des Gesprächs mit Gísli dann schnell klar. Der fragt ihn nach seiner Erfahrung, was er bisher so alles als Zimmermann gemacht, wo er gearbeitet habe.

Kolja hat sorgfältig alle seine Zeugnisse, Gesellenbrief und Empfehlungsschreiben vorbereitet und möchte sie Gísli geben.

»Ah, das ist schon in Ordnung, die brauche ich nicht. Das passt so schon«, meint dieser verschmitzt lächelnd, und Kolja schaut verdutzt. »... Susi, kannst du mal im Internet schauen, da gibt es doch diese Standardarbeitsverträge?«, wendet er sich anschließend mir zu. Ich bin nicht weniger verdutzt als Kolja, klappe aber schnell meinen Laptop auf.

In Island gibt es für fast alle Berufe zwischen Arbeitgeberverbänden und Gewerkschaften ausgehandelte Standardverträge, die man problemlos herunterladen und ausfüllen kann. Wir gehen die einzelnen Punkte durch.

»Du brauchst natürlich noch eine *kennitala*, sonst kannst du kein Bankkonto eröffnen; ohne die dürfen wir streng genommen diesen Vertrag hier auch gar nicht schließen«, meint Gísli.

»Kein Problem«, sagt Kolja, »ich fahre morgen nach Reykjavík und erledige die erste Runde der Behördengänge.«

»Nächster Punkt ist die Dauer des Vertrags«, schaue ich von meinem Bildschirm auf und in die Runde, »begrenzt auf wie lange oder unbegrenzt?«

»Unbegrenzt«, meint Gísli kurz und bündig.

»Aber du kennst mich doch noch gar nicht richtig, hast mich doch noch nie arbeiten sehen?« Kolja kommt aus dem Staunen fast nicht heraus.

»Ach, das passt schon«, nickt Gísli zufrieden, »ich glaube, dass du was kannst, und auch, dass du zu uns ins Team passt. Außerdem bist du mit Susi zusammen und wohnst ab jetzt auch in Stokkseyri. Hier im Dorf kommen wir alle gut miteinander aus und unterstützen uns, worum auch immer es gehen mag.« Gísli schaut schon wieder so spitzbübisch, »und ordentlich gefeiert wird hier im Dorf natürlich auch ...«

Ich drucke den Vertrag aus, die beiden unterschreiben und geben sich zufrieden die Hand.

»Und wann soll ich anfangen?«, freut sich Kolja, überrascht von Gíslis unkomplizierter Art.

»Morgen ...«, sagt Gísli, »wir haben da eine Baustelle, da kann ich jeden Mann gebrauchen.«

Uns klappt die Kinnlade runter. Eigentlich dachten wir, dass Kolja frühestens Anfang nächsten Monats eine neue Stelle antreten würde.

Aber diese Chance hier ist einfach ideal: die Firma im selben Ort, Arbeit in seinem Beruf und, wie wir finden, mit einem netten Chef.

»Alles klar«, meint Kolja, »ich dachte zwar, ich hätte ein paar Tage zum Eingewöhnen hier – aber ich komme morgen auch gerne zur Arbeit.«

Kolja arbeitet noch immer mit viel Freude bei Gísli. Mittlerweile kann er selbst Blechhäuser nach isländischer Art, gepaart mit deutscher Handwerksarbeit bauen. Zur Freude seines Chefs kann er alle deutschen Bauanleitungen lesen. Viel Material wird aus Deutschland importiert, und darin befindet sich nun mal selten eine Übersetzung auf Isländisch. Zudem versteht er sich auch gut mit seinen Kollegen.

Nach zwei Sprachkursen in der Abendschule in Selfoss hat er es aber lieber seinen Arbeitskollegen überlassen, ihm die isländische Sprache beizubringen. Auf der Baustelle beherrscht er mittlerweile ein beeindruckendes Fachvokabular, über das ich oft nur staunen kann.

Auch für mich ist Koljas Arbeitsplatz vor Ort von Vorteil. Da ich für meine Arbeit immer viel unterwegs bin, habe ich vor seiner Übersiedlung fast niemanden in Stokkseyri gekannt. Kolja lernt über seine Arbeit aber gleich jede Menge Leute im Dorf kennen, und wir nehmen beide rege am Gemeindeleben teil. Es hat sich schnell herumgesprochen, dass »Kolli« der Mann der »Knochenknackerin« ist.

Stokkseyri, dieser kleine Fischerort an der Südküste Islands, ist mittlerweile wirklich unser Zuhause geworden.

Eine heiße Sache

»Weißt du, was noch ein großer Traum von mir wäre?«, frage ich
Kolja rhetorisch und antwortete deshalb auch gleich selbst. »So ein
richtig schöner, großer Hot Pot im Garten.«

»Der muss hier aber erdbebensicher aufgestellt werden«, weiß
Kolja, »wir haben in der Firma schon so manche gebaut. Da muss ein
stabiler Betonsockel drunter. Das ist gar nicht so einfach, denn wir
wissen nicht, was hier unter der Erde so alles zu finden ist. Schließlich steht das Haus auf einem Felsen, und der alte Lavastrom, auf dem
Stokkseyri erbaut wurde, ist alles andere als ein ebener Untergrund.«

»Immerhin ist die Lava bereits erkaltet«, zwinkere ich ihm zu.

Kolja versteht den Sinn und Zweck zwar nicht, draußen im Kalten in einer übergroßen Badewanne zu sitzen, ist aber mir zuliebe
bereit mitzubauen.

»Schau mal hier«, zeige ich ihm am Bildschirm eine Schale,
die mir gefällt und die ich groß genug finde: Sechs Personen sollten schon Platz haben, wir bekommen schließlich auch manchmal
Besuch.

»Da steht als Adresse ein Fischgeschäft«, sieht Kolja. »Kann
das denn sein? Da würde man ja eher Aquarien erwarten oder fang-
frischen Dorsch und Schellfisch, wenn überhaupt.«

»Lass uns einfach mal nach Reykjavík fahren, dann werden wir
ja sehen, was da los ist«, schlage ich vor.

Unter der angegebenen Adresse finden wir tatsächlich ein Fischgeschäft. Als wir an der Reihe sind, frage ich, ob sie hier auch Hot Pots
hätten.

Zunächst schaut mich die Verkäuferin erstaunt an, aber dann
fällt der Groschen.

»Ah ja, natürlich«, sagt sie. »Jón«, ruft sie ihren Kollegen. »Jón, kommst du bitte mal?«

Sie schiebt uns durch eine Tür hinter der Theke. Wir betreten einen riesigen Raum, in dem tatsächlich alle möglichen Modelle von Hot Pots aufrecht an die Wände angelehnt und einige Showmodelle auf dem Boden stehen, in denen man im Trockenen Probe sitzen kann.

Mein Lieblingsmodell ist vorrätig, ich setze mich hinein – und finde es großartig!

Wir einigen uns über den Preis, der entsprechend der Hinterzimmer-Atmosphäre doch bitte gleich in bar zu begleichen sei. Dann wird nicht lange gefackelt: Der Hot Pot wird für uns auf einen Anhänger geladen und an mein Auto angekoppelt. Den Hänger sollen wir morgen einfach wieder vorbeibringen.

Etwas überrumpelt, aber froh, dass wir jetzt das wichtigste Utensil für unser Projekt haben, fahren wir mit dem festgezurrten Hot Pot auf dem Anhänger zurück nach Hause.

»Zum Glück ist kein Frost mehr im Boden«, meint Kolja, »dann können wir gleich anfangen, ein Loch auszuheben für den Zementsockel. Anschließend brauchen wir noch einen Klempner und einen Elektriker. Vielleicht können wir dann in ein, zwei Wochen in unserem eigenen Hot Pot sitzen.«

Das scheint mir zwar angesichts der isländischen Arbeitsmoral etwas optimistisch, aber wer weiß, vielleicht klappt es ja.

Es klappt nicht. Erst bohrt der Klempner drei Löcher durch die dicke Kellerwand, bis er endlich an der richtigen Stelle durchkommt und nicht im Felsen landet, und dann braucht er auch noch Ewigkeiten, bis er die Anschlüsse und die Pumpe endlich installiert hat.

Der Sommer ist schon weit fortgeschritten, meine Mama, Rolf und Tante Sybille kommen am nächsten Tag aus Deutschland angereist, und da wollen wir natürlich auch unseren neuen Hot Pot einweihen. Doch das Handwerker-Drama scheint immer noch kein Ende zu nehmen.

Schließlich machen Kolja und ich dem Klempner unzweideutig klar, dass morgen alles einsatzbereit sein müsse. Und tatsächlich, als wir schon auf dem Weg zum Flughafen sind, um meine Familie abzuholen, ruft er uns freudig an und sagt, dass er fertig sei und der Hot Pot nun benutzt werden könne.

Als wir mit der ganzen Familie wieder zu Hause sind, lassen wir endlich Wasser in Badewannentemperatur in die blauschimmernde Schale laufen und freuen uns schon, dass wir gleich zusammen unseren Hot Pot unter freiem Himmel einweihen können.

Unsere Freude trübt sich jedoch schnell, als aus dem erst halb vollen Hot Pot aus allen Düsen das Wasser geradezu herausströmt.

Ich stehe kurz vor einem hysterischen Anfall und bin stinksauer. Da hat der schlampige Klempner die Düsen wohl irgendwie falsch angebracht. Es ist zwar schon neun Uhr abends, das hält mich aber nicht davon ab, ihn höchst erbost sofort anzurufen und ihm mit deutlichen Worten mitzuteilen, dass das doch wohl nicht Sinn der Sache sei.

Kleinlaut meint er, dass er sich auch noch darüber gewundert habe, wofür die Plastikringe wohl wären, die er noch in der Tüte hatte. Er verspricht, gleich morgen vorbeizukommen und die vergessenen Dichtungsringe zu montieren.

Als der erste Ärger wie auch die Hälfte des einlaufenden Wassers abgeebbt ist, erinnere ich mich der guten isländischen Wesensart, lösungsorientiert zu denken. In Island gibt es weniger Probleme als vielmehr Lösungen! Also holen wir Plastiktüten, stopfen die, so gut es geht, in die Düsen – und platzieren uns mit unseren Allerwertesten auf diesen beziehungsweise stemmen uns mit dem Rücken fest dagegen. So bekommen wir es doch noch hin, dass wir mit gut gekühltem Wikinger-Bier aus dem Duty-free-Shop den lauen Sommerabend im Hot Pot, gefüllt mit vierzig Grad heißer, geothermaler Wärme, genießen können.

Bei der zweiten Dose lachen wir dann auch schon über diese Episode und lassen sicherheitshalber noch ein bisschen warmes Wasser nachlaufen.

Mit Island im Herzen für das deutsche Team

»Ja, natürlich solltest du das machen, das ist doch eine tolle Sache und außerdem auch eine große Ehre«, meint Kolja direkt heraus.

»Meinst du wirklich?«, frage ich etwas unsicher. »Schließlich war ich viermal die Pferdetierärztin der isländischen Equipe bei den Weltmeisterschaften.«

»Die letzten beiden Male aber nicht mehr«, erinnert mich Kolja, »deshalb hat sich das deutsche Team jetzt ja auch so frei gefühlt, dich zu fragen.«

Das stimmt natürlich. Nach dem Tod Einars und vielleicht auch als Nachwehe der Vorkommnisse bei der großen Epidemie hat sich die Team-Zusammenstellung bei den Isländern gänzlich verändert. Die alte Garde hat das Ruder wieder übernommen. Ein anderer Tierarzt, verheiratet mit einer Frau, die im Equipe-Komitee sitzt, war wieder, wie schon vor meiner Zeit, für die isländische Mannschaft im Einsatz.

Für mich ist das trotz anfänglich mulmigen Gefühls mittlerweile nicht weiter schlimm, ich habe meine Erfahrungen gemacht, und das ist gut so.

»Kribbelt es bei dir nicht bei der Vorstellung, wieder aktiv dabei sein zu können, nicht nur als Zuschauerin?« Kolja weiß genau, wie er mir den letzten Schubs geben kann. »Wenn dein Richterkollege und langjähriger Freund Carsten als Chef d'Équipe anruft und dich bittet, mit auf die Weltmeisterschaft nach Holland zu gehen, dann kann ich mir schlecht vorstellen, dass du Nein sagst ...«

Da hat Kolja natürlich recht.

Carsten kenne ich schon lange, wir sind schon Jahre befreundet, haben so manches Turnier zusammen als Richter bestritten. Und es ist natürlich wunderbar, dass er an mich denkt. Mir liegt nur im Magen, wie ich das meinen isländischen Kunden beibringen soll. Schließlich werden einige meiner Reiter mit von mir betreuten Pferden bei der Weltmeisterschaft an den Start gehen. Allerdings im isländischen Team, dem härtesten Gegner der deutschen Mannschaft beim Kampf um die Weltmeisterschaft.

Die nehmen es aber ganz entspannt auf, als ich ihnen meine Entscheidung mitteile. Nachdem sogar noch mehrere deutsche Reiter persönlich bei mir angerufen haben, um mich von ihrem Wunsch zu überzeugen, fühle ich mich natürlich auch geschmeichelt und sage letzten Endes gern zu. Zumal wir zwei Tierärzte sein werden und ich mich vor allem um die Chiropraktik und Laserbehandlungen kümmern werde. Dadurch habe ich hoffentlich auch etwas mehr Zeit, mir selbst Prüfungen ansehen zu können.

Im deutschen Team herrscht eine hervorragende Stimmung. Wir sind komfortabel untergebracht, jeden Tag wird leckeres Essen für uns gekocht, die Abende sind ausgelassen und stimmungsvoll. Alle freuen sich auf das große Turnier.

Manchmal schaue ich aber doch wehmütig hinüber zum isländischen Zelt. Es ist wesentlich kleiner und ziemlich zugig, die Isländer bekommen Essensmarken, mit denen sie in einer Mensa essen können. Kulinarisch nicht so das Gelbe vom Ei, höre ich von den Reitern dort. Wegen der strengen Quarantäneregeln für die Pferde aus Island darf ich das Zelt selbstverständlich nicht betreten.

Schon vor dem Turnier haben mir meine Kunden erzählt, dass der Tierarzt ihrer Equipe eine Anweisung erlassen habe, wonach die Mitglieder der isländischen Equipe während der Weltmeisterschaften keinen Kontakt mit mir aufnehmen dürfen. In meinen Ohren klingt das ziemlich befremdlich, immerhin bin ich die Haustierärztin einiger der Pferde, die hier an den Start gehen.

Wie die Isländer so sind, lachen sie die Verbote allerdings kopfschüttelnd einfach weg, rufen mich unbekümmert an, schicken mir Mails mit Fragen, und so kann ich ihnen und ihren Pferden doch auch ein ganz klein wenig helfen.

Ein Anruf erschreckt mich aber.

»Susi, ich weiß, ich sollte nicht anrufen. Ich muss dir aber einfach sagen, dass wir Jakob gerade ins Krankenhaus gebracht haben.«

»Was?«, erschrecke ich mich und werde bleich. »Bei ihm lief es doch in der Vorentscheidung ganz großartig, er steht doch bis jetzt mit an der Spitze des riesigen Starterfeldes ...«

»Ja, ich weiß, aber er hat sich wohl eine schwere Magen-Darm-Grippe eingefangen und ist derart dehydriert, dass sie ihn sofort an alle möglichen Schläuche gelegt haben.«

Ich weiß, dass mein guter Freund Jakob nach der Vorentscheidung im Töltpreis, der Königsdisziplin, mit seiner Stute Gloría, die ich lange betreut habe, alles tun wird, um diese Weltmeisterschaft zu gewinnen.

Mit Gloría besitzt er das Pferd dazu. Aber er hat mit ihr nur diese eine einzige Chance. Denn das Pferd darf, wie auch alle anderen Pferde, die einmal Island verlassen haben, aufgrund der Gesundheitsvorschriften nie wieder zurück in die alte Heimat. Es heißt also jetzt oder nie.

So, wie ich Jakob kenne, wird er deshalb alles, sogar seine Gesundheit, aufs Spiel setzen, um in ein paar Tagen Weltmeister zu werden und sich seinen großen Traum zu erfüllen.

Ich rufe ihn am nächsten Tag an, um zu fragen, wie es ihm gehe, und auch, um ihm klarzumachen, dass er in seinem Zustand sein Leben aufs Spiel setze, wenn er tatsächlich an den Start gehe.

Jakob ist sehr froh, mich zu hören, aber ich bin mir nicht so sicher, ob meine Botschaft angekommen ist.

In der Zwischenzeit wird die Stimmung im deutschen Team immer besser und ausgelassener. Die Weltmeisterschaft läuft für uns grandios. In fast zwei Jahrzehnten hat die Equipe nicht so oft gewonnen und nicht so viele Medaillen nach Hause gebracht wie in diesem Jahr. Mit Blick auf all die Rückmeldungen, die ich von den Reitern, Betreuern und Züchtern aus dem deutschen Team bekomme, darf ich einen Teil des Erfolges wohl auch für mich beanspruchen, was mich natürlich mächtig stolz macht.

Am letzten Tag wird die Weltmeisterschaft mit der Königsdisziplin, dem Töltpreis, abgeschlossen. Tatsächlich erscheint Jakob mit seiner Fuchsstute Gloría auf der Bahn. Bevor er sein Turniersakko überzieht, erhasche ich noch einen schnellen Blick auf den Verband über der Kanüle in seinem Arm. Er ist kalkweiß im Gesicht und hat in den wenigen Tagen einiges an Gewicht verloren.

Ich mache mir ernsthaft Sorgen, ob er überhaupt hier sein sollte, und frage mich, ob er seine Prüfung durchhalten kann. Ich habe wirklich Angst um ihn.

Ich kenne Jakob aber auch zu gut, als dass ich nicht wüsste, dass er alles daransetzt, um heute mit seiner Gloría Weltmeister zu werden. Das wünsche ich ihm von Herzen, auch wenn die Voraussetzungen dazu alles andere als günstig sind.

Die Konkurrenz ist stark und, wie es scheint, gesund und in ausgezeichneter Verfassung. Es sind auch Reiter aus meinem deutschen Team am Start, die ich bis zum Schluss nach Leibeskräften unterstützt habe.

Jakob startet als Spitzenreiter der Vorrunde als Letzter. Tatsächlich legt er eine hervorragende Prüfung hin, hält bis zum Schluss durch.

Der Ausgang ist schließlich denkbar knapp. Trotz meines Einsatzes für und meiner Zugehörigkeit zum deutschen Team kann ich nicht leugnen, dass ich mir inständig wünsche, dass Gloría und

Jakob das berühmte Tölthorn gewinnen, den begehrten Wanderpokal, der dem Sieger des Töltpreises für zwei Jahre verliehen wird.

Wir müssen lange auf die letzten Noten warten. Meine Hände sind ganz feucht vor Aufregung.

Dann endlich werden die Endnoten und die Medaillenränge bekannt gegeben: Jakob und Gloría haben es tatsächlich geschafft, sie sind Weltmeister! Ich bin überglücklich.

Jetzt gibt es auch für mich kein Halten mehr, ich renne zu Jakob.

Er hält den Weltmeisterpokal bereits in den Händen, isländische Fahnen wehen neben ihm, als ich ihm gratuliere und wir uns umarmen. Auch bei mir löst sich die Anspannung und Sorge um meinen guten Freund, Tränen der Freude laufen mir über die Wangen. Ich bin überglücklich, dass er wieder auf den Beinen ist und sich heute seinen größten Traum erfüllen konnte, Weltmeister zu werden. In diesem Moment fühle ich mich ganz als Isländerin.

Schnee von gestern:
Heimfahrt mit Hindernissen

Im Dezember ist es in Island gute Tradition, dass man sich mit Freunden zu einem Jólahlaðborð, einem Weihnachtsbuffet, in einem Restaurant verabredet. Auch Firmen laden ihre Mitarbeiter und Geschäftspartner zu diesem traditionellen Essen mit Lamm, Krustenbraten und allerhand leckeren Beilagen ein.

Kolja und ich haben uns mit Freunden in Selfoss verabredet, einem Ort nur 14 Kilometer von uns entfernt, das Hotel liegt direkt am reißenden Fluss Ölfusá am Fuße des Berges Ingólfsfjall.

Wie jedes Jahr kommen Ómar und Jasmina aus dem ganz im Osten gelegenen Hornafjörður angereist und bleiben dann über Nacht. Sie haben eine fünfstündige Anfahrt. Das Wetter ist ziemlich garstig, es schneit, und ein kräftiger Wind weht. Trotzdem kommen die beiden wohlbehalten bei uns an.

Fast wenigstens, denn Dvergasteinar hat zwei Einfahrten, und je nach Windrichtung kann sich an der einen ein ziemlicher Haufen Schnee bilden. Ómar fährt doch tatsächlich in die Schneewehe vor dem Haus und kommt aus eigener Kraft nicht mehr heraus. Er geht zur Tankstelle gegenüber, wo gerade ein großer Jeep steht, und fragt den Fahrer des Jeeps, ob der ihm vielleicht helfen könne, seinen Wagen wieder aus der Schneewehe zu ziehen, was dieser auch gern macht.

Vielleicht hätte uns diese Erfahrung eine Warnung für den heutigen Abend sein sollen. Oder auch, dass einige Freunde absagen, weil das Wetter bei ihnen einfach zu schlecht sei und sie befürchten, ihr Auto nicht auf der Straße halten zu können.

Wie dem auch sei, die meisten trotzen dem Wetter und kommen nach Selfoss.

»Das sollte für uns kein Problem sein, schließlich ist es nur eine kurze Strecke bis dorthin. Wir fahren zum Großteil auf der Hauptstraße und nur ebene Strecke, fast auf Meeresspiegelniveau«, sage ich, vor allem an Jasmina gerichtet. Sie ist auch eine Deutsche, die in Island wohnt, die Jüngste im Bunde, und heute Abend dazu auserkoren, nüchtern zu bleiben und uns später wieder nach Hause zu kutschieren.

Wir kommen ohne Probleme nach Selfoss, genießen den Abend in vollen Zügen, reden, essen, singen, tanzen und trinken. Jasmina bleibt währenddessen lieber bei Apfelsaft und Mineralwasser – wir anderen nicht.

Ich neige dazu, wenn ich schon mal Zeit zum Feiern habe, das auch ausgiebig zu tun. Und tanzen gehört auf jeden Fall zu einem gelungenen Abend mit dazu, so viele Gelegenheiten gibt es dazu nicht.

Wir werden immer feuchtfröhlicher, feiern, als ob es kein Morgen gäbe. Nur Jasmina sitzt immer zerknautschter in einer Ecke. Nach einiger Zeit versucht sie, uns zu erklären, dass sie auf der Website der isländischen Straßenbehörde sehen könne, dass die Zustände auf den Straßen minütlich schlechter würden.

Tatsächlich kann man in Island auf der Website der Vegagerðin, des Straßenamtes, live den Zustand der Straßen und die Wetterlage insgesamt einsehen. Mittels Farbcode erkennt man leicht, ob eine Straße gut passierbar ist, wie viel Wind weht, ob Schnee auf ihr liegt, sie vereist oder gar unpassierbar beziehungsweise geschlossen ist.

»Der Straßenzustand wird immer bedrohlicher«, warnt uns Jasmina. Wir aber wollen vor allem tanzen und Spaß haben.

»Jetzt mach dir doch nicht so viele Sorgen«, rufen wir ihr von der Tanzfläche aus zu, »das wird schon nicht so wild werden.«

Zu schon ziemlich fortgeschrittener Stunde treten wir unseren Nachhauseweg an.

»Siehst du«, sage ich nach ein paar Kilometern mit schwerer Zunge zu unserer Fahrerin, »das geht doch alles ganz hervorragend.«

Bis wir an die Abzweigung nach Stokkseyri kommen. Kurz dahinter sehen wir drei Autos komischerweise auf der gegenüberliegenden Seite halb auf der Straße, halb am Straßenrand stehen.

Erst da erkennen wir auch die Schneewehe, in der die Autos feststecken. Autofahren in Island kann tückisch sein.

Wir halten vor dem Schneeberg an und warten erst mal ab.

»Ich rufe die 1777 an und bitte sie, ein Schneeräumgerät vorbeizuschicken«, sagt Ómar, der einzige Isländer bei uns im Auto. Diese Telefonnummer der Vegagerðin ist 24 Stunden das ganze Jahr über zu erreichen.

»Sie kommen nicht«, meint Ómar nach dem Telefonat ganz bedröppelt, »sie haben wohl ihre liebe Not, wenigstens die Hauptstraßen einigermaßen freizuhalten.«

»Dann rufen wir doch die Björgunarsveitir an«, schlage ich fröhlich vor. Die Björgunarsveitar sind die Rettungskräfte in Island. Zusammengestellt werden sie aus Freiwilligen, die ihrer normalen Arbeit nachgehen und in ihrer Freizeit als Rettungswacht fungieren. Alle Arbeitgeber in Island sind verpflichtet, diese Retter in Notfällen unverzüglich freizustellen. Muss man von einem Gletscher gerettet werden, hat man sich im Hochland verlaufen oder ist man mit seinem Kutter im Wasser gekentert, helfen die Björgunarsveitar.

Ómar wählt ihre Nummer.

»Sie haben es schon gehört und sind mit einem Auto unterwegs«, teilt er uns mit, als er das Telefongespräch beendet hat.

Mir dauert das alles zu lange. Ich steige aus.

»Da, seht mal, da sieht man doch schon die Lichter von Stokkseyri«, verkünde ich. »Ich laufe jetzt heim, das geht schneller!«

»Das glaube ich nicht«, mischt sich Kolja ein, »du kannst doch hier nicht in deinem Abendkleid in dieser Affenkälte und bei diesem Schneesturm einfach loslaufen. Das überlebst du nicht, verstehst du?«

Er wirkt sehr ernst. Na gut, dann bleibe ich eben hier. In einem klaren Moment wird mir deutlich, dass er vollkommen recht hat.

Wenig später trifft die Rettungswacht mit ihrem riesigen Superjeep ein. Nachdem alle Insassen der stecken gebliebenen Fahrzeuge eingestiegen sind, zählen wir elf Personen im Auto. Eigentlich sind das einige zu viel, und ausreichend Platz bleibt da nicht.

Die Frauen setzen sich also auf den Schoß ihrer Männer, an Anschnallen ist in dieser Enge nicht zu denken. Schön kuschlig, denke ich, als ich mich an Kolja schmiege.

Anscheinend bin ich die Einzige, die der Situation noch etwas Gutes abgewinnen kann. Ich habe immer noch die Musik im Ohr, das Tanzen in den Beinen, fühle mich beschwingt. Der Alkohol lässt mich mit der Situation leicht und locker umgehen.

»Was habt ihr denn alle, unsere Retter in der Not sind doch da«, flöte ich durch das Auto, als die Björgunarsveitir erst mal draußen die Lage peilen.

Als sie wieder reinkommen, lassen sie uns wissen, was ihr Plan sei.

»Also, wir können nicht genau sehen, wie groß die Schneewehe ist. Wir müssen rechts am Straßenrand fahren, weil ja drei Autos links in der Schneewehe festsitzen. Die sollten wir mal besser nicht touchieren. Das bedeutet aber auch, dass wir nicht wissen, ob es am Straßenrand Gräben gibt und wie groß die sind. Wir holen erst Anlauf und fahren dann mit vollem Karacho auf die Schneewehe zu. Das bedeutet, dass es ziemlich rumpeln kann, okay? Also haltet euch gut fest!«

»Und unsere Autos?«, fragt einer.

»Die bleiben hier. Die könnt ihr morgen abholen, wenn das Wetter besser ist. Wenn wir sicher auf der anderen Seite sind, fahren wir euch nacheinander nach Hause.«

In Island denkt man vor allem praktisch. Was bleibt einem in solchen Situationen auch übrig?

Die Ankündigung der Rettungsmänner hebt die Stimmung im Wagen nicht gerade. Ich bin die Ausnahme, vertraue darauf, dass sie das schon machen werden, und bleibe fröhlich.

Als ich allerdings in die Gesichter von Ómar und Kolja schaue, sehe ich, wie sich deren Farbe ins Aschgraue verfärbt. Offensichtlich ist das Ganze doch nicht so ohne.

Kaum haben sie es ausgesprochen, gibt der Fahrer Gas und hält mit Vollgas auf die Schneewehe zu. Es rumpelt, es kracht, wir fühlen den Widerstand des schweren Schnees, aber immerhin, der Wagen bewegt sich noch.

Plötzlich macht es einen dumpfen Knall, und wir rasen durch einen großen Graben. Alle schreien kurz auf. Als wir wieder herausgeschleudert werden, kippt der Superjeep bedrohlich auf die linke Seite. Sogar so weit, dass nur noch die beiden linken Reifen Bodenkontakt haben. Wieder bemühen wir alle unsere Stimmbänder. Aber das hilft nicht, die beiden anderen Reifen hängen in der Luft. Wir werden doch wohl nicht auf die Seite fallen?

Jetzt sind wir an den stecken gebliebenen Pkws vorbei, der Fahrer lenkt etwas nach links wieder auf die eigentliche Straße zu. Nur keine ruppigen Bewegungen jetzt!

Tatsächlich kippt der Wagen ächzend wieder nach rechts, mein Kopf knallt gegen das Dach, und dann lande ich hart auf Kolja.

Jetzt haben wieder alle vier Reifen Bodenkontakt. Eine Achterbahnfahrt ist nichts dagegen.

Noch immer kämpfen die vierradgetriebenen, einzeln aufgehängten Pferdekräfte mit der Schneewehe – bis wir im Scheinwerferlicht endlich wieder etwas sehen können.

Puhhh, wir sind durch.

Wir bedanken uns herzlich bei unseren Rettern. Ich glaube, die sind auch ganz froh, dass sie uns alle heil nach Hause bringen können.

Als wir endlich wieder zu Hause sind, haben vor allem die Männer dringend noch ein paar Schnäpse nötig. Sie waren durch dieses Abenteuer schlagartig wieder nüchtern.

Immerhin bekommt ihr Gesicht nach ein paar Gläschen so langsam wieder etwas Farbe.

Die freiwilligen Helfer der Björgunarsveitir dürfen kein Geld annehmen, alle Rettungsaktionen sind kostenlos. Aber seit diesem Dezembertag bin ich zahlendes Mitglied und überweise jeden Monat meinen Beitrag. Denn dass so was irgendwann mal wieder passiert, ist in Island ziemlich wahrscheinlich, und ich bin den Rettern zutiefst dankbar.

Heiß auf Eis:
Silvester unterm Nordlicht

Am Silvesterabend selbst lassen Kolja und ich es gemütlich angehen. Wir essen gemeinsam Hummer und Rentier, gehen dann zum großen Silvesterfeuer am Rand des Ortes, wie es in Island Tradition ist, und stoßen mit unseren Dorfnachbarn auf das neue Jahr an.

Es ist knackig kalt, der Himmel wolkenlos, und zum Glück weht fast kein Wind.

Noch vor Mitternacht gehen wir nach Hause, da wir zu zweit sein wollen.

»Warum setzen wir uns nicht gemütlich in unseren Hot Pot und genießen den Jahreswechsel dort mit einer Flasche Champagner?«, schlage ich vor.

»Willst du bei der Kälte noch mal nach draußen?«, fragt Kolja verwundert.

»Wieso denn nicht?«, antworte ich. »Im Wasser haben wir es ja gemütlich warm.«

Der Hot Pot ist nun mal mehr mein Ding, vor allem im Winter. Wobei das lange Baden im heißen Wasser gerade dann sehr wohltuend ist und den Körper von innen aufwärmt.

Kolja lässt sich schließlich doch von mir überzeugen, und ein paar Minuten später sitzen wir beide im warmen Nass, entspannen, genießen den guten Tropfen und lassen das Jahr Revue passieren. Oder besser gesagt, ich lasse gleich mein ganzes Leben hier auf Island Revue passieren.

»Eigentlich ist es doch grandios, was ich alles erlebt habe, seit ich hier wohne, und auch, was ich geschafft habe«, resümiere ich.

»Nach meinem Praktikum habe ich sofort eine Stelle bekommen und eine Wohnung gefunden. Ich habe mich auf dieser verlassenen Insel im Nordatlantik als junge Frau durchgesetzt, mache, was ich schon immer machen wollte: als selbstständige Tierärztin mit Pferden arbeiten. Ich behandle sogar Weltrekord- und Weltmeisterpferde und habe eine eigene kleine Pferdezucht und einen netten Freundeskreis, der mir Halt gibt. Und ich habe ganz allein ein Haus gekauft, in dem wir jetzt zusammen leben!«

Ich trinke noch einen Schluck Champagner.

»... nachdem ich nach dir gesucht und dich wiedergefunden habe!«, ergänzt Kolja.

Er prostet mir zu und nimmt auch einen Schluck.

»Ja, darüber bin ich unheimlich froh!« Ich schaue ihm in die Augen, und mir wird ganz warm ums Herz. »Vor allem, weil ich zu Anfang noch so skeptisch war. Ich bin auch glücklich und dankbar, dass du tatsächlich zu mir nach Island gezogen bist und wir jetzt zusammen sein können, ohne dauernd hin- und herzufliegen.«

Wir sitzen bis zum Kinn im heißen Wasser, um uns herum klirrenden Kälte und bizarre Schneewehen, wir stoßen an und küssen uns. Als ich mich wieder zurücklehne, schaue ich nach oben.

»Liebster, schau mal in den Himmel, ich glaube, wir bekommen Nordlicht.«

Am Himmel ist ein kleiner Streifen auszumachen, der sich langsam grün färbt. Die Farbe wird intensiver, und der Streifen immer länger und breiter. Auf einmal fängt das Nordlicht an zu schweben, langsam wie ein großes Tuch, das sich im lauen Wind bewegt.

Der Streifen entwickelt sich zu einem breiten Band, das sich unablässig zu einer unhörbaren Musik bewegt, als tanze es.

»Da, schau mal«, sagt Kolja, den Kopf nach oben gereckt, »auf der anderen Seite entsteht auch ein Band.«

Wir sitzen uns jetzt nicht mehr gegenüber, sondern nebeneinander im heißen Wasser, Arm in Arm, und kommen aus dem Staunen nicht mehr heraus. Das Nordlicht erhellt die Nacht, das Grün und bald auch das Violett spiegeln sich auf den schneebedeckten Bergen und sogar in unserem Hot Pot.

An den Rändern zeigen sich jetzt auch manchmal ein weißlicher und rötlicher Schimmer. Die beiden Himmelslichter scheinen aufeinander zu zu tanzen – bis sie schließlich miteinander verschmelzen.

»Ich habe so ein erfülltes Leben und sitze jetzt hier mit dir unterm Nordlicht, etwas Schöneres kann es nicht geben!« Ja, es war die richtige Entscheidung, nach Island zu ziehen, und es war die richtige Entscheidung, mit Kolja zusammen zu sein. Und wer braucht schon ein Silvesterfeuerwerk, wenn die Natur uns mit solch einem Himmelsspektakel beglückt?!

Ich bereue keine meiner Entscheidungen auch nur eine Sekunde. Was hätte mir Besseres passieren können?!

Ich bin glücklich und drücke Kolja dichter an mich.

Volles Haus

Seit meinem Austritt aus der tierärztlichen Vereinigung 2010 ist es mir und einigen Kollegen nicht mehr möglich, dieses Netzwerk zu nutzen. Wir fühlen uns ein bisschen abgeschnitten von den neuesten Entwicklungen und den Möglichkeiten, die ein solcher Verein bietet.

Ich sitze mit Björgvin, Gestur, einem befreundeten Tierarzt aus Akureyri, und Ísólfur, einem Reiter und Züchter aus Húnavatnssýsla, gemütlich zusammen, als wir dieses Thema mal wieder besprechen.

»Wenn man sich überlegt, dass es in ganz Island nur rund 70 Tierärzte gibt, von denen nur etwa 25 vor allem Pferde behandeln, ist die Gruppe sowieso schon ziemlich klein«, gibt Björgvin zu bedenken.

»Und dann sind es nur noch so vier, fünf von denen, die praktisch ausschließlich Pferde behandeln, so wie du und ich, und die Fachtierarztausbildung für Pferde absolviert haben«, enge ich den Kollegenkreis näher ein.

»Es ist einfach keine gute Sache, dass sich manche Tierärzte noch immer spinnefeind sind seit dieser Epidemie-Sache vor sieben Jahren, auch für uns Züchter nicht«, meint Ísólfur.

»Wir sollten da dringend was dran ändern, schließlich sind wir alle hoch spezialisiert«, wünscht sich Björgvin, ohne einen bestimmten Plan zu haben.

Seit einiger Zeit haben wir zu dritt eine Gruppe in den sozialen Medien eingerichtet, ohne an die Veterinärbehörde angekoppelt zu sein. So können wir viel einfacher Informationen austauschen und Kontakt miteinander aufnehmen, wenn es darum geht, wer was braucht oder wer was auf Vorrat hat, wenn wir spezielle Fälle behandeln müssen. Unser Wunsch ist, dass wir noch einen draufsetzen, den Austausch intensivieren und mit mehr Kollegen in direkten Kontakt treten.

»Was haltet ihr davon«, habe ich eine Idee, »wenn wir einfach selbstständig eine Tagung veranstalten, mit internationalen Sprechern? Fortbildungen, Tagungen, Kongresse mit ausgewiesenen Experten, so etwas gibt es hier nicht, und ich finde, das fehlt hier im Land. Deshalb sind wir von den tiermedizinischen Entwicklungen im Ausland gewissermaßen abgeschnitten. Wir wären die Ersten, die so eine Sache organisieren würden.«

»Das klingt nach einer ziemlich guten Idee, Susi«, meint Ísólfur interessiert.

»Dazu laden wir alle in Island praktizierenden Tierärzte, die auch Pferde behandeln, ein«, fahre ich fort.

»Nicht kleckern, sondern klotzen, das ist mal wieder typisch Susi.« Björgvins Augen leuchten. Auch er hat Feuer gefangen.

»Ich habe noch viele Kontakte in Deutschland zu Tierärzten, da kann ich ja mal meine Fühler ausstrecken.«

»Du hast ja wohl schon recht konkrete Vorstellungen in deinem Kopf«, meint Björgvin. »Wie wäre es, wenn du die Sache in die Hand nimmst? Du bist doch sowieso gut im Organisieren.«

»Ich würde am liebsten ein orthopädisches Thema wählen und den Kollegen Volker Sill einladen, er ist auch promovierter Fachtierarzt für Pferde und sitzt in der Klinikleitung der Pferdeklinik Bargteheide, einer sehr anerkannten Einrichtung. Den kann ich ja mal anrufen«, schlage ich vor.

»Das klingt doch super. Und wo sollen wir das Ganze veranstalten?«, fragt Björgvin.

»Nun ja«, meint Ísólfur, »wir haben bei uns gerade eine neue Anlage gebaut mit großer Reithalle, einem riesigen Stall, aber auch mit einem Seminarraum mit allem Drum und Dran. Und meine

Schwester Sonja kennt ihr ja, die ist auch Tierärztin und bei der Organisation bestimmt mit dabei.«

»Du meinst, wir können die Veranstaltung auf eurem Hof Lækjamót in Hvammstangi abhalten?«, frage ich nach.

Ich bin mit den drei Familien in Lækjamót schon seit Längerem befreundet, und was sie da hingestellt haben, ist wirklich eine tolle Anlage. Meine Planta steht schon einige Zeit bei Ísólfur in Pension.

Der Hof liegt im Víðidalur auf derselben Seite, wo sich auch die drei Wasserfälle Kolufossar befinden.

»Nächsten März passt es im Pferdekalender wohl am besten«, kommt Björgvin unserer nächsten Frage zuvor.

Wir machen Nägel mit Köpfen.

Sonja brauchen wir gar nicht erst zu überzeugen, und auch mein deutscher Kollege sagt sofort zu. Er schlägt eine orthopädisch ausgerichtete Röntgenfortbildung vor und bringt auch noch eine Kollegin mit.

Programm und Ort stehen fest, jetzt verschicken wir die Einladungen und sind sehr gespannt. Zum einen, weil wir die Tagung nicht im Hauptstadtgebiet im Südwesten, sondern im Nordwesten in der Nähe des kleinen Dorfes Hvammstangi abhalten. Zum anderen, weil wir nicht wissen, wie die Tierärzte im Land auf eine Einladung von uns reagieren.

Tatsächlich melden sich dann aber wirklich alle Tierärzte aus ganz Island an. Selbst die, die seit 2010 nicht mehr miteinander gesprochen haben.

Das finde ich einfach nur großartig, denn die Tagung findet ja auf meine Initiative hin statt. Von einigen dieser Tierärzte habe ich wegen der Epidemie-Geschichte doch gehörigen Gegenwind bekommen. Manche haben sich nicht nur nicht auf meine Seite gestellt, sondern sich sogar öffentlich gegen mich ausgesprochen.

Aber meine Lebensphilosophie ist – und die wurde nicht unwesentlich durch mein Leben in Island geprägt –, dass man solche Vorkommnisse dann doch auch mal irgendwann auf sich beruhen lassen, dass man solche Konflikte auch mal beilegen sollte. Das Leben geht weiter, und wir sind nun mal so wenige hier im Land, dass wir auch aufeinander, auf die Hilfe und die Zusammenarbeit der Kollegen angewiesen sind.

Es ist für mich eine sehr schöne und heilsame Erfahrung, dass ich, die manchen sozusagen als Persona non grata galt, diese Sache mit meinen beiden Kollegen ausrichten kann.

Bis zuletzt habe ich Muffensausen, ob tatsächlich auch alle kommen werden. Sie haben sich zwar angemeldet, aber man weiß ja nie. Die Kollegen aus Deutschland haben sich vorbereitet, reisen extra für diese Tagung an, Sonja hat alles rund um die Verpflegung, den Seminarraum und die Reithalle vorbereitet. Jetzt kommt es drauf an.

Meine Befürchtungen erweisen sich indes als völlig unbegründet. Alle Tierärzte kommen, und die gesamte Veranstaltung erweist sich als voller Erfolg.

Den Vorträgen wird mit größtem Interesse gelauscht, es wird lebhaft diskutiert, wir lernen sehr viel, tauschen uns aus. Ísólfur und seine Frau Vigdís und auch Sonja und ihr Mann Fríðrík Már geben ihr Bestes. Der Seminarraum bietet alles, was wir an Hilfsmitteln benötigen, die tolle Reithalle und die fantastischen Pferde sorgen für eine sehr gute Atmosphäre und hervorragende Arbeitsmöglichkeiten. Wir genießen das vorzügliche Catering.

Die moderne, großzügige Anlage sucht in Island wohl ihresgleichen. Alle sind rundum zufrieden. Vor allem als Sonja im Nachbarhof zum gemeinsamen Abendessen lädt und wir danach noch zusammen feiern, singen und trinken. Heute rücken wir als Tierärzte wieder näher zusammen.

Mir fällt ein Stein vom Herzen. Schon allein deshalb war diese Tagung eine tolle Sache. Endlich können die Narben, die vor sieben Jahren entstanden sind, beginnen zu heilen.

Die Veranstaltung ist aber auch inhaltlich ein voller Erfolg: Wir in Island schicken über das Jahr zur Zweitbeurteilung immer wieder Röntgenbilder an Spezialisten nach Deutschland oder in andere Länder. Aufgrund dieser Tagung bekommen wir in der Folge die Rückmeldungen, dass die Qualität und der Standard unserer Röntgenbilder seither deutlich angestiegen seien. Wir sind stolz darauf und freuen uns mit allen Kollegen, dass wir jetzt als kleine Randnation einen höheren Standard erreicht haben, den auch internationale Versicherungen akzeptieren, und diesen offensichtlich auch halten können.

»Da bleibt uns ja nur noch eines«, stellt Björgvin spitzbübisch fest, »wir müssen bald wieder eine Tagung organisieren!«

Aus wilden Träumen werden wahre Tränen

Im Herbst werden meine Pferde zusammen mit über vierhundert anderen Pferden von den Weiden im Hochland zusammengetrieben und anschließend bei einem großen Volksfest sortiert.

Die Bergkette ist gut bewachsen, sodass Pferde und Schafe vom Sommer bis zum Herbst, wenn der erste Schnee in den Bergen fällt, sich selbst überlassen genug zu fressen finden.

Diese etwa fünfhundert Meter hoch gelegenen Bergweiden können landwirtschaftlich nicht anders genutzt werden, da sie unwegsam sind und von vielen Flüssen, von Moorland und Schluchten durchzogen werden. Außerdem entspringen hier die Flüsse Víðidalsá und Fitjá.

Wenn der Winter erst mal das Land in seinem festen und kalten Griff hat, wird es schwer für die Pferde, draußen zu überleben, daher werden sie nach den Schafabtrieben spätestens Anfang Oktober zu den Höfen zurückgeholt.

Meine Stute Sæhvönn, die älteste Tochter von Planta und meine erste große Züchterhoffnung, kann ich in dem Pulk von vierhundert Pferden im ersten Moment nicht erkennen. Sofort bin ich in Sorge, ob sie womöglich in den Bergen zurückgeblieben ist. Doch in der letzten Pferdegruppe, die fast nur aus schwarzen Pferden besteht, sehe ich auf einmal unter einem Schopf einen kleinen Stern aufblitzen, ihr Erkennungsmerkmal. Ich bin heilfroh, dass sie nach dem Sommer gesund und munter ins Tal zurückgefunden hat, denn nun beginnt ihr Ernst des Lebens. Gísli und Mette werden sie im Skagafjörður ausbilden, und wenn alles gut läuft und sie talentiert genug ist, könnte Sæhvönn sogar im Sommer an einer Zuchtprüfung teilnehmen. Das wäre natürlich mein großer Traum, aber im Moment sieht das kleine dickbäuchige Zotteltier mit dem hübschen Sternchen so gar nicht danach aus.

Wie jedes Jahr fahre ich mit meiner Mama in der zweiten Augusthälfte auf unsere Lieblingsinsel Juist in Urlaub, dorthin, wo ich als Vierjährige das erste Mal von meinem Opa Robert auf ein Shetlandpony gesetzt wurde und die ganze Familie fortan alle Hände voll zu tun hatte, um mich von kleinen und großen Pferden fernzuhalten.

Auf Juist und am schönsten Sandstrand der Welt angekommen, bin ich immer weniger davon überzeugt, dass es mit Sæhvönns Zuchtprüfung doch noch klappen könnte. Mette und Gísli halten sich bedeckt und verlieren nicht viele Worte über meine Stute. Die letzte Prüfung des Jahres soll Ende August stattfinden, das wird wohl nichts mehr. Na ja, damit muss ich mich wohl abfinden. Immerhin ist sie jetzt gut ausgebildet, und ich kann sie selbst reiten, wenn ich nach Island zurückkomme.

Meine Mama und ich begeben uns immer direkt nach dem Frühstück zum Juister Strand, um den Tag dort zu genießen. Dafür gehen wir früh ins Bett, um am nächsten Morgen wieder fit zu sein.

Eines Abends erhalte ich einen überraschenden Anruf.

»Susi, hier ist Mette.« Noch ganz benommen halte ich mir das Telefon ans Ohr und schaue auf meine Uhr. Es ist eine halbe Stunde vor Mitternacht. Normalerweise stelle ich, wenn ich schlafen gehe, mein Telefon auf lautlos, heute Abend anscheinend aber nicht.

»Hör zu, Susi«, Mette klingt einigermaßen aufgeregt, »du musst Sæhvönn noch vor Mitternacht für die allerletzte Prüfung in ein paar Tagen in Akureyri anmelden …«

»Wie, was?« Schlaftrunken versuche ich, meine Gedanken zu ordnen.

»Hörst du, Susi?«

So langsam werde ich wach und begreife, was Mette mir gerade gesagt hat.

Plötzlich schießt mir das Adrenalin durch den Körper, und ich bin hellwach.

»Okay, ihr seid so weit, meinst du? Sie hat also eine Chance?«

»Wir werden sehen, aber wir glauben schon. Aber lass uns später über die Details reden, jetzt melde sie auf jeden Fall an, sodass sie auch starten darf. Um Mitternacht läuft die Anmeldefrist ab«, legt mir Mette ans Herz.

»Alles klar«, sage ich, »erledige ich sofort.«

Ich starte meinen Laptop, gehe auf die Anmeldeseite für die Zuchtprüfung und schreibe Sæhvönn ein. Aber bei der Bezahlung geht jedes Mal was schief.

Ich werde immer nervöser, die Uhr tickt.

Vielleicht mache ich in meiner Nervosität auch irgendeinen Fehler. Auf jeden Fall kriege ich es nicht hin.

Das darf doch nicht wahr sein, denke ich, jetzt ist sie kurz davor, doch noch gezeigt zu werden, und ich vermurkse hier auf den letzten Metern die Anmeldung!

Als Mitternacht vorbei ist, lehne ich mich erst mal frustriert zurück. Na ja, denke ich, vielleicht sehen sie im System ja wenigstens, dass ich versucht habe, mich anzumelden. Ich schreibe gleich eine Mail an die Hauptniederlassung des Zuchtverbandes und hoffe, dass sie meine Anmeldung doch noch akzeptieren. Zu allem Überfluss ist es jetzt Freitagnacht, ich muss also bis Montag warten.

Am Montagvormittag bekomme ich dann tatsächlich eine Mail, dass alles gut angekommen sei und meine Stute in ein paar Tagen starten dürfe. Mir wird erst jetzt bewusst, dass ich ja noch zwei Stunden Zeit gehabt hätte, da Island im Sommer der westeuropäischen Sommerzeit zwei Stunden hinterherhinkt.

Meine Freude vermischt sich sogleich mit Anspannung und Vorfreude – und ein bisschen Traurigkeit, da ich nicht selbst dabei sein kann. Jetzt heißt es also warten und bangen.

An dem Tag, an dem Sæhvönn ihre Prüfung laufen soll, nehmen meine Mama und ich Champagner mit an den Strand, ich bin ja Optimistin.

Auf der Internetseite des Zuchtverbandes steht die Startliste, ich weiß also, wann Sæhvönn starten soll. Außerdem werden dort auch umgehend die Ergebnisse veröffentlicht.

Meine Mama und ich fiebern im Strandkorb in Juist mit. Aber irgendwie erscheint das Ergebnis von Sæhvönn einfach nicht auf der Seite. Selbst als schon lange die Ergebnisse der später gestarteten Pferde bekannt gegeben werden, bleibt die Ergebniszeile bei meiner Stute leer.

Oh nein, geht es mir durch den Kopf, da ist bestimmt was schiefgelaufen: Vielleicht hat sie kurz vor dem Start ein Eisen verloren, oder sie ist doch nicht in Form, oder es ist irgendwas anderes passiert, oder sie haben entschieden, dass sie doch nicht gut genug ist …

Immer wieder schaue ich auf mein Telefon – aber es erscheint einfach kein Resultat.

Ich bin schon ganz frustriert, male mir alle möglichen Horrorszenarien aus. Damit sind meine Züchterträume für dieses Jahr wohl geplatzt.

Es wird schon Abend, und frustriert packen wir unsere Sachen – mitsamt der noch ungeöffneten Flasche Champagner – zusammen und wollen gerade zurück in unsere Ferienwohnung gehen. Da erscheint plötzlich eine Nachricht nach der anderen auf meinem Handy. Meine Freunde posten Fotos und sogar Videos von Sæhvönns Prüfung. Und dann schicken sie mir ein Bild der Urkunde mit den Ergebnissen: Sæhvönn hat eine Acht vor dem Komma stehen! Das bedeutet Eintrag ins Eliteregister!

Sie hat es sozusagen in die Champions League der Islandpferde geschafft. Und das, obwohl sie nur in vier anstatt fünf Gangarten gezeigt wurde. Dass sie trotzdem eine Acht erreicht hat, obwohl eine Gangart, der Rennpass, fehlte, ist umso erstaunlicher. Gísli, der Sæhvönn ritt, und Mette haben wirklich tolle Arbeit geleistet.

Ich halte es vor Freude kaum noch aus, starre gespannt auf meinen Bildschirm und lese meiner Mama restlos begeistert die Ergebnisse vor. Sie freut sich mit mir und stellt erst mal die gepackte Tasche wieder auf den Boden und den Champagner und zwei Gläser auf das Tischchen beim Strandkorb. Jetzt wird erst noch angestoßen, bevor wir wieder zurückgehen!

Nun bin ich also auch eine erfolgreiche Züchterin von Islandpferden. Ich habe ein erstes selbst gezogenes Pferd, das den Sprung ins Eliteregister erreicht hat! Ein unbeschreibliches Gefühl, an dessen Anfang Planta steht, die ich einst nachts in nahezu unzurechnungsfähigem Zustand auf einem Sommerfest mit Eiseskälte ungesehen gekauft habe, mit der Idee, später mit ihr zu züchten. Und gleich ihr erstes Fohlen ist ein solcher Erfolg! Mein Züchterherz schlägt höher, viel höher.

Im Herbst bin ich wie praktisch jedes Jahr bei Ísólfur und Vigdís sowie Sonja und Fríðrík Már in Lækjamót zum Pferdeabtrieb. Und wie jedes Jahr kommen auch dieses Mal wieder viele ausländische Gäste.

An diesen Tagen sind wir alle wie eine große Familie. Tagsüber wird hart gearbeitet, abends gefeiert, bis sich die Balken biegen.

Ich fühle mich hier sehr wohl und bin froh, Teil dieser großen Familie sein zu dürfen.

Auch James ist wieder da. Er ist halb Isländer, halb Engländer und vor ein paar Jahren nach Schweden emigriert. Er besitzt dort einen Pferdehof, auf dem er Reitunterricht gibt, Pferde bereitet und vor allem auch verkauft.

Mit ihm und Ísólfur sitze ich abends bei einem Bierchen zusammen. James erzählt von seinem Hof, dass er im Moment überhaupt keine Verkaufspferde mehr habe und der Markt in Schweden zurzeit recht schwierig sei. Er brauche gut ausgebildete, talentierte Pferde, die wirklich top ausgebildet sein müssten, gut aussehen sollten, eine interessante Abstammung hätten und für jedermann zu reiten sein müssten. Die schwedischen Kunden und Reiter seien einfach auf einem anderen Niveau als die Isländer, meint er bedauernd.

Ich erzähle ihm von meiner Flaug, die mittlerweile weiß und jetzt sechs Jahre alt ist.

»Sie ist ein hervorragendes Reitpferd«, sage ich, »schafft es aber wohl nicht, ins Eliteregister zu kommen.« Ich berichte ihm, wie ich sie im Sommer für eine Woche bei Jakob gelassen hätte, um sie austesten und bewerten zu können. Jakob ist nicht nur ein hervorragender Turnierreiter, sondern auch ein sehr guter Zuchtpferdereiter. Selbstverständlich kennt James ihn auch.

»Das hat mir Jakob leider bestätigt. Ich habe ja insgeheim immer gehofft, dass sie den Elitestatus vielleicht doch schafft.«

Mir wird klar, dass ich jetzt als Züchterin jedes Jahr ein bis zwei neue Fohlen bekomme und schlicht und ergreifend nicht alle meine Pferde behalten kann. Es ist an der Zeit, die Ältesten so langsam zu verkaufen.

»Warte mal«, krame ich mein Mobiltelefon aus der Tasche, »ich habe auch ein paar Videos gemacht, als Jakob sie geritten hat.«

Ich zeige ihm die Videos, und irgendwann platzt es aus James heraus: »Genau so ein Pferd brauche ich, genau so eines suche ich!«

Zum einen freue ich mich, erschrecke aber auch gleichzeitig. Möchte ich Flaug, die mir so ans Herz gewachsen ist, wirklich verkaufen?

Ich muss erst mal schlucken, bin sprachlos. Dass das jetzt sofort so konkret wird, kommt völlig überraschend für mich, dass er

Flaug einfach so kauft, ohne sie vorher auszuprobieren, haut mich geradezu um.

Auf der einen Seite bin ich stolz darauf, dass ich anscheinend ein gutes Pferd gezüchtet und ausgebildet habe, für das es sofort einen Kaufinteressenten gibt. Andererseits rutscht mir aber das Herz in die Hose. Wahrscheinlich sehe ich meine liebe Flaug dann niemals mehr wieder.

Eigentlich war mir das von Anfang an klar, als ich mit der Zucht begonnen habe, dass dies eines Tages die Konsequenzen wären, aber trotzdem bin ich sehr traurig.

Jetzt brauche ich erst mal einen Schnaps.

Ísólfur und James trinken einen mit, und dann besiegeln wir das Geschäft, wie es sich gehört, mit einem kräftigen Handschlag.

Mit dem nächsten Flug nach Schweden soll Flaug Island für immer verlassen – in zehn Tagen schon. Wenn ich nur daran denke, wird mir ganz flau im Magen. Ich bringe das Pferd in den Exportstall, das ist ein wirklich schwerer Gang für mich. Ich bin so traurig! Ich weiß, dass das jetzt die letzten Minuten sind, die wir miteinander haben. Bis zum letzten Moment denke ich daran, den Kauf doch noch rückgängig zu machen. Zweifle daran, ob ich den richtigen Weg eingeschlagen habe, ob es die richtige Entscheidung ist, Flaug ins Ausland zu verkaufen. Was denkt sie wohl, wenn sie mich jetzt mit ihren großen schwarzen Augen ansieht?

Als die allerletzte Minute gekommen ist, streichle ich sie noch einmal, gebe ihr ein Leckerli und lasse sie dann allein im Exportstall zurück. Mir ist schwer ums Herz, die Tränen fließen.

Ich wünsche ihr von Herzen, dass sie ein gutes neues Zuhause findet, dass sie zu jemandem kommt, der sie mag, ihren Charakter erkennt und schätzt, und dass sie nie mehr umziehen muss.

Mit einem dicken Kloß im Hals gehe ich zu meinem Auto.

In dieser Nacht wälze ich mich unruhig hin und her.

Als ich morgens aufwache, weiß ich, dass sie nicht mehr da ist.

Später am Morgen bekomme ich auch schon erste Fotos von James aus Schweden. Flaug sieht recht gut aus, sie hat gleich Heu bekommen und sich schon ein bisschen im schwedischen Matsch gewälzt.

In der Zwischenzeit entwickelt sich meine Arbeit als Pferdezüchterin immer weiter. Und dann ergibt sich plötzlich eine weitere Chance, mein Tätigkeitsfeld zu vergrößern.

»Susi, hast du mal kurz Zeit? Wir haben da eine Frage«, Olil und Bergur sind am Telefon, sie möchten mit dem Sohn des Weltrekordhengstes Stáli und ihrer Ehrenpreisstute Álfadís weiter züchten. Álfaklettur hat bereits so hervorragende Zuchtprüfungen abgelegt und auch auf Turnieren sehr gut abgeschnitten, dass die beiden eine große Nachfrage erwarten.

»Das heißt, ihr wollt eine Besamungsstation aufbauen? «, leite ich aus ihren Worten ab.

»Ja, wir glauben, dass wir es anders nicht schaffen. Wenn wir ihn über den Sommer auf die Weide mit den Stuten lassen, können wir ihn nicht trainieren, und wir möchten eigentlich schon noch ein großes Turnier mit ihm bestreiten. Du ahnst es vielleicht schon: Wir hätten dich gern als Tierärztin dabei.«

In Island ist eigentlich der Natursprung die gängige Art der Pferdeanpaarung. Dabei bleibt der Hengst für einige Wochen gemeinsam mit einer Stutenherde auf einer großen Weide und kümmert sich um die Vermehrung, wie es seiner Natur entspricht. Die stark erhöhte Nachfrage für Hengste, die bei den Zuchtprüfungen hoch abgeschnitten haben, führt aber, wie bei Stáli und seinem Sprössling Álfaklettur, dazu, dass der Natur etwas auf die Sprünge geholfen werden muss. Und so werden solche Topphengste wie die beiden auch in der künstlichen Besamung eingesetzt, um eine größere Anzahl an Zuchtstuten befruchten zu können.

Ich bin zunächst baff, damit hatte ich nicht gerechnet. Mir liegt schon eine deutliche Absage auf den Lippen, denn ich habe für solch ein großes und zeitintensives Projekt eigentlich gar keine Zeit. Und doch schlucke ich das »Nein« irgendwie hinunter und erbitte mir einige Tage Bedenkzeit. So eine große Sache möchte ich auch erst einmal mit Kolja besprechen. Innerlich bin ich hin- und hergerissen, eine Besamungsstation wäre eine riesige Herausforderung in einem ganz neuen Betätigungsfeld. Olil und Bergur betreiben ihren Pferdehof gerade mal zehn Minuten von meinem Haus entfernt und auch einige meiner Pferde sind in der modernen Reitanlage mit Wasserlaufband und großer Reithalle untergebracht. Außerdem kenne ich Álfaklettur selbst sehr gut, denn ich betreue den Stáli-Sohn schon seit seiner Geburt. Voller Vorfreude und mit einem gehörigen Schuss Ironie verdrehe ich die Augen. Ja, Susi, sage ich zu mir selbst, das kann ja was werden ... Aber Nein sagen, angesichts solch eines Angebots kommt einfach nicht infrage. Þetta reddast! Da bleibe ich doch ganz isländisch und optimistisch.

In Windeseile und mithilfe eines erfahrenen Besamungskollegen aus dem Norden bauen wir die Station in den Räumlichkeiten des Hofes auf. Und tatsächlich sind wir keinen Tag zu früh mit den Vorbereitungen fertig. Álfaklettur läuft ein sensationelles Turnier, und Züchter aus dem ganzen Land rufen an und haben nur die eine, immer gleiche Frage: Sperma von Álfaklettur für ihre Stuten. Der stattliche Álfaklettur zeigt sich kooperativ und von seiner maskulinen Seite, er beschert uns täglich, ohne mit der Wimper zu zucken, Samenportionen für sechs bis acht Stuten.

Die Übernahme der Besamungsstation ist für mich auch eine große Ehre. »Mein« Stáli hat die heutige Islandpferdezucht nicht unwesentlich beeinflusst, und ich bin immer wieder stolz, in den Zuchtlisten erfolgreiche Stáli-Nachkommen vorfinden zu können.

Auch ich selbst habe bereits zwei Stáli-Kinder gezüchtet und der erste Stáli-Enkel ist bereits dank erfolgreicher Besamung von Planta in Planung.

Weniger wird die Arbeit dadurch nicht gerade – aber sie macht Spaß und erfüllt mich.

Ganz wie die Isländer übe ich anscheinend gern mehr als einen Beruf aus, obwohl selbst in Island die Tage lediglich über 24 Stunden verfügen.

Eine runde Sache

Wie in jedem Jahr seit Koljas Umzug nach Island basteln wir jeweils für den anderen einen ganz persönlichen Adventskalender. Ich habe es dabei etwas einfacher. Kolja mag durchaus kleine »geistvolle« Fläschchen in verschiedenen Größen, Farben und Geschmacksrichtungen. Ich trinke wenig Alkohol, aber wenn Feste gefeiert werden, dann auch schon mal richtig.

Kolja hat mir dieses Jahr einen Kalender mit kleinen Beutelchen an der Wand im Gästezimmer aufgehängt. Darin befinden sich Leckereien, Söckchen, Dekorationen, ein Buch und vieles mehr, alles schöne Sachen, mit Liebe ausgewählt und eingetütet.

Am Abend des 21. Dezember läuten wir unsere Weihnachtszeit so langsam ein. Es ist unser letzter Arbeitstag für dieses Jahr, ab jetzt haben wir es endlich ruhiger und vor allem mehr Zeit füreinander.

Am 22. Dezember gehen wir zusammen ins Schwimmbad, das entschleunigt auf sehr angenehme Weise, abends gehen wir schön essen.

Am 23. erledigen wir unsere Weihnachtseinkäufe, denn vor allem Jólaöl, das isländische Traditionsgetränk zu Weihnachten, eine süße, alkoholfreie Mischung aus Malzbier und Orangenlimonade, darf nicht fehlen. Genauso wenig wie das Jólabjór, Weihnachtsbier aus isländischen Brauereien. Geschmacklich keine wirkliche Offenbarung, aber an den bunten und lustigen Etiketten erfreuen wir uns sehr.

Dann stellen wir den Weihnachtsbaum auf und dekorieren das Haus festlich. Die Weihnachtsdekoration stammt natürlich noch aus Deutschland, und Mama freut sich immer sehr, wenn sie auf unseren Fotos Kugeln, Sterne und Engel erkennt, die sie mir bei unserem letzten gemeinsamen Weihnachtsfest geschenkt hat.

Am Morgen von Heiligabend genießen wir es, lange auszuschlafen, und stehen erst um elf Uhr auf. Kolja geht erst mal in den Keller: Er müsse etwas an der Außentür reparieren, lässt er mich wissen.

Ich schaue wie jeden Tag, sobald ich vom Schlafzimmer nach unten gehe, zuerst nach dem Adventskalender und bin gespannt auf das letzte verbliebene Beutelchen, das noch da hängt. Ich nehme es, setze mich an den großen Esstisch, und mich überkommt dieses ganz besondere Weihnachtsgefühl, als ich unseren geschmückten Baum betrachte.

Weihnachten ist für mich immer mit einer ganz speziellen Stimmung verknüpft, vor allem seit ich in Island wohne. Hier ist dieses Fest im dunklen Winter insbesondere ein Lichtfest, bei dem man Lichter und Kerzen in die Fenster stellt, draußen meterweise bunte Lichterketten anbringt, die Tag und Nacht leuchten. Auch drinnen wird alles festlich und stimmungsvoll dekoriert. Ich freue mich auf die entspannten Weihnachtstage ohne Terminstress, die vor uns liegen.

Verwundert stelle ich fest, wie leicht dieser letzte Beutel ist – und dass an dem Beutel noch ein kleines verpacktes Geschenk hängt. Das sieht sehr schön aus, und ich denke, na ja, es ist Heiligabend, vielleicht ist es etwas Besonderes.

Ich öffne den Beutel und drehe ihn um. Ein kleiner Brief landet auf dem Esstisch. Na, da bin ich aber mal gespannt, denke ich. Darin ist ein kleiner Zettel, der aussieht, als wäre er aus einem Schreibheft herausgerissen worden oder als handle es sich um einen Kassenbeleg.

Ich falte das Papier auf. Die Notiz besteht nur aus einem Satz, aber was ich lese, haut mich um:

Liebste, möchtest du meine Frau werden?

Kreuze an:

☐ Ja

☐ Nein

☐ Vielleicht

Das ist die größte Überraschung überhaupt!

Mein Herz macht einen Riesensprung, ich habe Gänsehaut am ganzen Körper, lächle breit über das ganze Gesicht.

Damit habe ich wirklich überhaupt nicht gerechnet ...

Nachdem ich mich von meinem langjährigen isländischen Freund in Deutschland getrennt hatte, war eine Heirat in meinem Lebensplan lange Zeit nicht mehr vorgesehen. Natürlich hatte ich Liebschaften und kürzere Beziehungen wie die zu Pedro. Aber nichts, was mir letztendlich zukunftsweisend erschien.

Bisher habe ich in meinem Leben noch nie große Bereitschaft gezeigt, Kompromisse einzugehen. Ich will lieber mein Leben leben, aus dem Vollen schöpfen, als dass ich mein Leben in einer Beziehung nicht entfalten könnte. Wenn schon eine Beziehung, dann muss die auch passen, darf sie meinen Lebenszielen auf gar keinen Fall im Weg stehen.

Insofern habe ich bisher auch nie den Wunsch nach einer Hochzeit in mir verspürt.

Spontan kommen mir, mit Koljas Antrag vor mir liegend, alte Bilder in den Sinn, romantische Vorstellungen des kleinen Mädchens. Damals, als wir noch Kinder waren, hatten wir auf Juist des Öfteren Brautpaare gesehen, wie sie vom Standesamt im strahlenden Sonnenschein in prächtigen, mit Blumenschmuck verzierten Pferdekutschen am Strand entlangfuhren. Das war für mich der Inbegriff einer Hochzeit, und ich kann mir bis heute überhaupt nur so vorstellen zu heiraten: genau so, genau dort, so, wie ich es als junges Mädchen gesehen und mir vielleicht auch erträumt habe.

Ich sitze in der Küche und hänge im Hochgefühl des Glückes nach Koljas Heiratsantrag meinen Gedanken nach – bis ich mir ein Herz und einen Stift packe, um mein Kreuzchen zu machen.

Da klopft es plötzlich an der Haustür. Das darf doch nicht wahr sein! Ich sitze hier in meinem Nachthemd, die Haare noch vollkommen zerzaust, habe gerade einen Heiratsantrag bekommen, und jetzt klopft hier irgendjemand an der Haustür?

Es kommt doch sonst praktisch nie jemand unangemeldet zu uns an die Tür. Wir liegen etwas abseits, sind fast nie zu Hause, und es steht ein hoher Zaun um das Grundstück herum.

Wer kann das nur sein, frage ich mich.

Ich gehe schließlich doch im Nachthemd, meine Haare total verstrubbelt, und dem verklärten Gesichtsausdruck einer Verliebten zur Tür.

Da steht Gísli, Koljas Chef, mit einem breiten Grinsen draußen in der Kälte und fragt, wo Kolja sei. Er hält einen Umschlag in seiner Hand, Koljas Weihnachtsgeschenk.

»Ich weiß nicht, wo er ist. Draußen irgendwo, bei der Kellertür. Du musst doch praktisch an ihm vorbeigelaufen sein, bevor du die Treppe rauf bist«, sage ich zu ihm, vielleicht ein bisschen zu barsch.

Aber das ist mir im Moment schnurzpiepegal. Ich bitte ihn nicht herein, komplimentiere ihn so schnell wie möglich wieder zur Tür hinaus, wünsche ihm nicht einmal frohe Weihnachten. Ich bin gerade einfach auf einem anderen Planeten.

Später habe ich mich natürlich bei ihm entschuldigt und ihm die Situation erklärt. Das fand er lustig, und er hat sich sehr für uns gefreut. Tatsächlich war er auch nicht über mein ruppiges Verhalten verwundert: Isländer sind einfach tolerante Gemütsmenschen.

Jetzt möchte ich diesen Moment aber nur für mich, ihn auskosten, genießen. Ich bin wie entrückt.

Ich setze mich wieder an den Esstisch und mache endlich mein Kreuz an der richtigen Stelle. Das Geschenk unter dem Beutel packe ich noch nicht aus, das möchte ich gern zusammen mit Kolja tun.

Lange brauche ich nicht zu warten, da kommt er auch schon von unten wieder in unser gemütliches Esszimmer mit den vielen Schaffellen auf den Stühlen. In der Zwischenzeit habe ich auch schon feierlich die roten Kerzen am selbst gebastelten Adventskranz angezündet.

Kolja weiß noch gar nicht, ob ich seinen Brief schon gelesen und an welcher Stelle ich mein Kreuz gemacht habe. Mit einem weichen Lächeln im Gesicht kommt er auf mich zu, umarmt mich, küsst mich und wiederholt seine Frage: »Liebste, willst du meine Frau werden?«

Ich schaue ihm in die Augen und antworte ihm mit strahlendem Gesicht: »Ja, liebster Mann, selbstverständlich möchte ich deine Frau werden!«

Wir sind beide überglücklich, küssen uns wieder und wieder und halten uns fest.

Ich spüre auf einmal, wie mich eine tief aus meinem Innern sprudelnde Freude erfüllt, zum ersten Mal wieder seit dem Tod meines Vaters.

»Das Päckchen«, fragt Kolja, »hast du das Päckchen schon ausgepackt?«

»Damit wollte ich warten, bis du auch hier bist.«

Ich nehme die kleine Geschenkbox in meine auf einmal zittrigen Hände und öffne sie. Kolja hat einen wunderschönen Ring für mich ausgesucht, ein isländisches Designerstück.

»Steckst du ihn mir an den Finger?«, frage ich und bin ganz verzückt.

»Ja, gern.« Kolja nimmt zärtlich meine Hand und streift ihn mir über meinen Ringfinger. Er passt. Wie wunderbar, dass er sich darum bemüht hat, die für mich passende Größe herauszufinden.

Kolja ist überglücklich, dass ich mein Kreuz an der richtigen Stelle gemacht habe, und ich, dass ich einen so schönen, originellen, wunderbaren Heiratsantrag bekommen habe!

Mein Zukünftiger hätte sich gar keinen besseren Moment aussuchen können als den Anfang der Weihnachtsferien. Jetzt haben wir Zeit, uns zu überlegen, wie, wo und wann wir heiraten möchten, und fangen sofort an zu planen.

»Das Erste, was mir in den Sinn kam, als ich deinen wunderbaren Brief gelesen habe«, teile ich meine Gedanken mit, »ist, dass ich mir früher immer vorgestellt habe, in Juist mit einer Pferdekutsche zu heiraten.«

»Dieselbe Idee habe ich auch gehabt«, erwidert Kolja. »Dort haben wir uns als Kinder schon wohlgefühlt, und dort haben wir uns auch wiedergefunden. Juist ist unser Herzensort und auch der unserer Familien. Lass uns im kleinen Kreis unserer Familien heiraten und in der Kutsche am Strand entlangfahren ...«

»Das wäre wunderbar«, schwärme ich.

Wir schauen uns verliebt in die Augen. Sein sanfter, tiefer Blick lässt mich dahinschmelzen.

Wir umarmen uns noch einmal fest, genießen diesen besonderen Augenblick und spüren den Herzschlag des anderen.

»Was meinst du«, frage ich Kolja, »draußen ist es ja noch dunkel ...«

Das Frühstück kann warten.

Danksagung

Im April letzten Jahres saß ich während einer arbeitsintensiven Fortbildung in meinem Hotelzimmer in Finnland und studierte neben myofaszialen Behandlungspunkten auch die schlicht auf finnisch gehaltene Menükarte des Restaurants. Mäti, Hirsi, Karhu, Kalakukko ... gut, dass es WLAN gibt und die Google Übersetzungshilfe. Bärenfleisch??? Gegen meine sonstigen Gewohnheiten hatte ich mein Telefon nicht nur auf lautlos gestellt, sondern auch auf Flugmodus. Trotzdem klingelte es auf einmal, das finnische WLAN-Netz konnte auch Telefonate auf dem Messenger nicht stoppen. Ein Anrufer aus Holland ... kenne ich nicht, in meiner Freundesliste? Kann ja kein Kunde sein, wenn er in Holland lebt. Da ich meine finnischen Spezialitäten nun nicht mehr weiter übersetzen konnte – ich hoffte noch auf eine Alternative zum Bärenfleisch – ging ich ran. »Hallo?« Meine Begeisterung hielt sich in engen Grenzen. Eine männliche, immerhin deutsche Stimme am Ende der Leitung. Woher wir uns eigentlich kennen, weiß heute keiner von uns beiden mehr so genau. Aber heute haben wir ein gemeinsames Buch geschrieben und ich gehe mit freudiger Stimme ans Telefon, wenn ich seine Nummer sehe. Vielen Dank, lieber Alexander, dass du dieses wunderbare Buch mit mir geschrieben hast. Am Anfang stand das klare »Nein«, für so ein Projekt habe ich doch gar keine Zeit, abgelöst von einem zaghaften »vielleicht«, denn Mama würde sich bestimmt sehr darüber freuen, bis hin zu einem immer noch zaghaften »Ja«, aber wen interessiert so eine Geschichte schon? Kolja hegte Zweifel, fand die Idee dennoch gut, gab aber auch immer wieder die mangelnde Zeit zu bedenken. Wie soll das gehen? Nach dem ersten Treffen mit Alexander in Reykjavík, begleitet von einem klassischen, wenn auch digitalen, Aufnahmerekorder, gingen wir bald zu der Sprachmemo-Methode während meiner langen Autofahrten über. Dort konnte ich chronologisch aus meinem Leben erzählen und so manche Anekdote wurde beim Erzählen auf einmal wieder lebendig. Mama dufte aber nichts erfahren, denn das Projekt »Buch« sollte ihr Geburtstagsgeschenk werden. Die erlebten Geschichten spielten sich vor allem in meinem Auto ab, bei den anstrengenden Winterfahrten durchs Schneetreiben durchlebte ich in meinen Monologen die langen Sommertage, Sprachmemos bis zur Heiserkeit.

In der Endphase, in der meine Arbeitstage auch noch besonders lang wurden, brachte Kolja große Geduld auf, dafür bin ich ihm unendlich dankbar. Nun musste er mich über Wochen nicht nur mit meinem Beruf, sondern auch noch mit meinem Buch teilen. Mit Liebe, Geduld sowie Rat und Tat stand und steht er mir zur Seite und ist mir in Gedanken oft schon einen Schritt voraus. Unsere Gespräche beim Abendessen waren wichtige Wegweiser bei Inhalt und Struktur des »Werkes« und brachten mich immer wieder zurück auf den Boden der Tatsachen.

An einem Wintertag bekam ich eine E-Mail vom Verlag mit der Bitte, Fotos in hoher Bildqualität für das Cover einzureichen. Dazu gab es konkrete Vorgaben und zudem ein sehr enges Zeitfenster. Ein verzweifelter Anruf bei Alexander war zwar eine kleine Beruhigung, aber keine Lösung. Bis jetzt war der Winter über Monate dunkel und immer noch jagte ein Schneesturm den nächsten. An dem einzigen, angekündigten Sonnentag im Februar hatten weder ich noch die Profi-Fotografen Zeit, die ich so spontan auftreiben konnte. Meine Nerven lagen blank, die Arbeit war kaum zu bewältigen und die Frist für die Cover-Fotos fast abgelaufen. Sissel, Freundin, Pferdebesitzerin und meine letzte Rettung, hatte schon vor Jahren ein spontanes Shooting mit mir und Tjörvi gemacht. Ihre Mutter ist Fotografin, ich wusste, sie hat zumindest eine für mich professionell aussehende Kamera und nicht nur ein Fotohandy. Und sie hatte Zeit, und zwar den ganzen Tag. Danke, liebe Sissel, und ich bin so stolz auf die tollen Fotos, die niemand anderes so gut hinbekommen hätte wie du.

Für meine Mama habe ich das Buch geschrieben und weil ich ohne sie gar nicht auf der Welt wäre, gilt mein größter Dank meiner über alles geliebten, allerbesten, tollsten und flottesten Mama. Und Papa, der mich und Mama so früh schon verlassen hat, habe ich auch so viel und nicht zuletzt die Entscheidung zu diesem Buch zu verdanken. Er selbst hatte immer Angst, er bliebe niemandem in Erinnerung.

Danke, lieber Alexander, lieber Kolja, liebe Mama, die du nichts wissen durftest, und liebe Sissel, dass ihr an mich geglaubt und mich so sehr unterstützt habt.

Susanne Braun

Mein Dank gebührt Sabine, mit der ich Island entdecken durfte, und die mir noch immer mit Rat und Tat zur Seite steht, Mieke für Raum und Zeit, den sie mir zum Schreiben gab, Suzanna, für ihr strukturiertes Mitdenken, Tialda für die inspirierenden Gespräche und Davor für sein offenes Ohr in turbulenter Zeit, Kristín und Lára von der Reykjavík – UNESCO City of Literature für ihre Hilfe und Unterstützung, den Mitarbeiterinnen des Eden Verlags – und natürlich dir, Susanne, für dein Vertrauen, deine Geduld, die stundenlangen Interviews in Reykjavík und Stokkseyri und deine vielen Audioaufnahmen während deiner Fahrten über die Insel der wilden Träume. Danke für die Gespräche und Begegnungen während mehr als einem Jahr, in die ich in dein Leben eintauchen durfte, und für den Spaß, den wir bei unseren Gesprächen und dem Schreiben dieses Buches hatten.

Alexander Schwarz

Impressum

Dr. Susanne Braun mit Alexander Schwarz
Die Insel der wilden Träume
Mein Leben auf Island
ISBN: 978-3-95910-304-6

Eden Books
Ein Verlag der Edel Germany GmbH
Copyright © 2020 Edel Germany GmbH, Neumühlen 17, 22763 Hamburg
www.edenbooks.de | www.edel.com
2. Auflage 2020

Einige der Personen im Text sind aus Gründen des Persönlichkeitsschutzes anonymisiert.

Projektkoordination: Juliane Noßack
Lektorat: Dr. Matthias Auer
Umschlaggestaltung: Geela Eden
Covermotiv: © Sissel Tveten
Autorinnenfoto und Rückseitenmotiv: © Alexander Schwarz
Layout und Satz: Datagrafix GSP GmbH, Berlin | www.datagrafix.com
Druck und Bindung: GGP Media GmbH, Pößneck

Printed in Germany

Dieses Buch ist auch als E-Book erhältlich.

Um die kulturelle Vielfalt zu erhalten, gibt es in Deutschland und in Österreich die gesetzliche Buchpreisbindung. Für Sie, liebe*r Leser*in, bedeutet dies, dass Ihr verlagsneues Buch überall dasselbe kostet, egal ob Sie Ihre Bücher gern im Internet, in einer großen Buchfiliale oder der kleinen Buchhandlung um die Ecke kaufen.

EDEL
FAMILY MEMBER

FSC
www.fsc.org
MIX
Papier aus verantwortungsvollen Quellen
FSC® C014496